北京理工大学"双一流"建设精品出版工程

Engineering practice and
guidance for digital design and manufacturing

# 数字化设计制造工程实践与指导

刘少丽 夏焕雄 丁晓宇 熊 辉 ◎ 编著

北京理工大学出版社
BEIJING INSTITUTE OF TECHNOLOGY PRESS

## 内容提要

本书基于 SOLIDWORKS 等设计了三维建模实验、有限元分析实验以及优化设计实验，可以帮助学生掌握软件的基本操作，加强学生对机械生产制造流程的认识，培养学生的机械设计能力。三维建模实验部分介绍了 SOLIDWORKS 功能、结构与不同实体模型的生成方法，指导学生了解特征建模的原理，掌握几何建模的原理和方法，学会根据不同的零件特点选择合适的建模方式。有限元分析实验部分介绍了有限元仿真分析时几何建模、边界条件处理、网格划分的基本原则，展示了在 Abaqus 中导入几何模型、网格划分、边界条件施加的基本操作，可以指导学生完成有限元计算和数据后处理并深入理解网格质量对计算结果的影响。优化设计实验部分可以指导学生分析优化问题，读取仿真数据，将目标函数优化求解，深入理解最小二乘迭代优化的思想。通过三维建模、有限元仿真分析和优化设计的实践操作，学生能够初步了解数字化设计的基本流程，有助于提升解决工程问题的能力。

**版权专有　侵权必究**

### 图书在版编目（CIP）数据

数字化设计制造工程实践与指导/刘少丽等编著.
北京：北京理工大学出版社，2024.7.
ISBN 978-7-5763-4395-3

Ⅰ.TH122：TH164

中国国家版本馆 CIP 数据核字第 2024B0U502 号

| | | | | |
|---|---|---|---|---|
| 责任编辑： | 封　雪 | 文案编辑： | 毛慧佳 | |
| 责任校对： | 刘亚男 | 责任印制： | 李志强 | |

出版发行 / 北京理工大学出版社有限责任公司
社　　址 / 北京市丰台区四合庄路 6 号
邮　　编 / 100070
电　　话 /（010）68944439（学术售后服务热线）
网　　址 / http://www.bitpress.com.cn

版 印 次 / 2024 年 7 月第 1 版第 1 次印刷
印　　刷 / 廊坊市印艺阁数字科技有限公司
开　　本 / 787 mm×1092 mm　1/16
印　　张 / 7.75
字　　数 / 173 千字
定　　价 / 46.00 元

图书出现印装质量问题，请拨打售后服务热线，负责调换

# 前言

计算机辅助设计与制造（CAD/CAM）技术随着信息技术的发展而出现，它的应用和发展引起了社会和生产的巨大变革，因此 CAD/CAM 技术被视为 20 世纪最杰出的工程成就之一。目前，CAD/CAM 技术已成为企业实现数字化设计与制造的关键技术，是当今工程技术人员必须掌握的基本工具。

北京理工大学于 2017 年进行了计算机辅助设计与制造类课程的教学改革工作，取消了原有的"计算机辅助设计与制造"课程，开设了"数字化设计与制造"课程作为机械工程专业的本科核心课程。本书是"数字化设计与制造"课程实践/实验环节的指导教材，以机械工程及自动化专业的本科生为主要授课对象，基于"数字化设计与制造"课程所学的基本理论和方法，通过三维建模实验、有限元仿真分析实验和参数优化求解工程实践，训练学生应用相应软件工具从事产品开发、性能分析及优化分析的综合能力，可以安排 6~8 学时。

本书的第 1 章和第 2 章由刘少丽编写，第 3 章由夏焕雄、丁晓宇共同编写，第 4 章由刘少丽、熊辉共同编写。

本书的出版得到了北京理工大学"十四五"规划教材专项计划的资助；也得到了北京理工大学出版社各位编辑的全力协助，在此表示感谢。

由于编者水平有限，书中难免存在不足之处，敬请广大读者批评指正。

编　者
于北京理工大学

# 目录
## CONTENTS

1 实验目的和内容 ·············································································· 001
  1.1 实验目的 ················································································ 001
  1.2 实验内容 ················································································ 002

2 轮毂实体建模 ················································································ 003
  2.1 进入实体建模应用模块 ···························································· 003
  2.2 绘制草图 ················································································ 004
  2.3 创建模型 ················································································ 007
  2.4 模型上色 ················································································ 038

3 轮毂有限元仿真 ············································································· 042
  3.1 模型简化 ················································································ 042
  3.2 模型导入 ················································································ 054
  3.3 设置材料 ················································································ 060
  3.4 划分网格 ················································································ 064
  3.5 装配 ······················································································ 070
  3.6 创建分析步 ············································································ 073
  3.7 创建相互作用 ········································································· 075
  3.8 载荷设置 ················································································ 085
  3.9 作业提交 ················································································ 093
  3.10 后处理 ·················································································· 094
  3.11 仿真结果数据 ········································································ 097

# 4 轮毂参数优化 099
## 4.1 优化问题建模 099
## 4.2 仿真数据读取 100
## 4.3 函数拟合 102
## 4.4 目标函数优化求解 111

# 1 实验目的和内容

## 1.1 实验目的

在机械制造领域,通过数字化工业软件进行精确的设计、分析、仿真和优化来辅助生产已成为必不可少的一环。本书基于 SOLIDWORKS、ANSYS 以及 MATLAB 软件设计了三维建模实验、有限元分析实验以及优化设计实验,目的是帮助学生掌握软件的基本操作,加强学生对机械设计流程的认识,培养学生的机械设计能力。

三维建模实验基于 SOLIDWORKS 软件完成实验内容,有助于学生理解机械设计过程,巩固所学三维建模、尺寸设计的原理和方法,提升三维建模和设计能力。

(1) 了解 SOLIDWORKS 软件的功能结构,掌握不同的实体模型的生成方法。

(2) 了解特征建模的原理,掌握几何建模的原理和方法,学会根据不同的零件特点选择合适的建模方式,掌握模型的建立和管理方法。

(3) 深入理解产品数字化设计与制造的过程和方法。

有限元分析实验基于 ANSYS 软件完成实验内容,有助于学生深入理解和应用有限元方法,掌握应力、应变的仿真分析技术,提升仿真分析和解决复杂工程问题的能力。

(1) 了解有限元分析时几何建模的基本原则,掌握在 ANSYS 中导入几何模型的基本操作。

(2) 了解有限元分析时网格划分的基本原则,掌握在 ANSYS 中进行网格划分的基本操作。

(3) 了解有限元分析时边界条件处理的基本原则,掌握在 ANSYS 中进行边界条件施加的基本操作。

(4) 完成有限元计算和数据后处理。

(5) 深入理解网格质量对计算结果的影响。

优化设计实验基于 MATLAB 软件完成实验内容,有助于学生理解最小二乘优化算法,掌握并应用优化模型对尺寸优化问题求解,从而提升数学建模和编程能力。

(1) 分析优化问题,掌握构建优化函数和多项式拟合函数的基本操作。

(2) 读取仿真数据,掌握利用 MATLAB 函数拟合器进行多项式拟合的基本方法。

(3) 目标函数优化求解,掌握设置和使用 MATLAB 函数优化器的基本方法。

(4) 深入理解最小二乘迭代优化的思想。

## 1.2 实验内容

本书所有实验都将针对图 1-1 所示的轮毂进行。轮毂作为车辆的关键部件，其尺寸受到铸造的技术要求限制，且要保证车辆静载时的最大应力不超过许用应力；同时，基于降低成本的考虑，要求轮毂质量尽可能小。

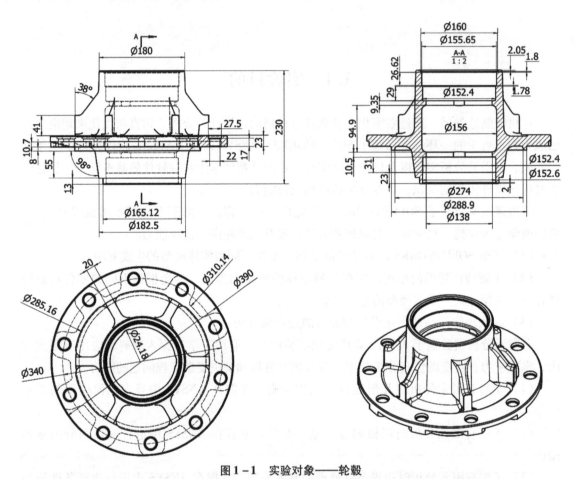

图 1-1 实验对象——轮毂

本书的实验内容：通过优化加强筋板厚度和法兰厚度，找出能使轮毂质量最小且满足应力要求的轮毂尺寸。具体需要完成的实验内容如下。

(1) 三维实体建模。
(2) 有限元的静力学分析。
(3) 尺寸优化。

# 2 轮毂实体建模

## 2.1 进入实体建模应用模块

(1) 启动 SOLIDWORKS 2020 软件。

单击"开始"按钮,在"开始"菜单单击 SOLIDWORKS 2020 图标,启动程序。

(2) 建立新的零件文件。

①在 SOLIDWORKS 2020 环境中建立一个新的零件文件:在 SOLIDWORKS 2020 窗口的菜单栏中选择"文件"→"新建"命令,如图 2-1 所示。

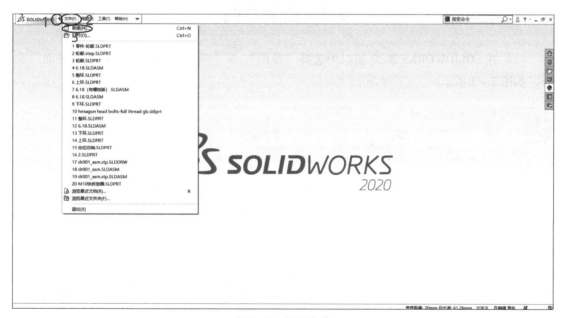

图 2-1 新建文件

②在"新建 SOLIDWORKS 文件"对话框中选择"模板"标签,先单击"gb_part"图标,再单击"确定"按钮,如图 2-2 所示。

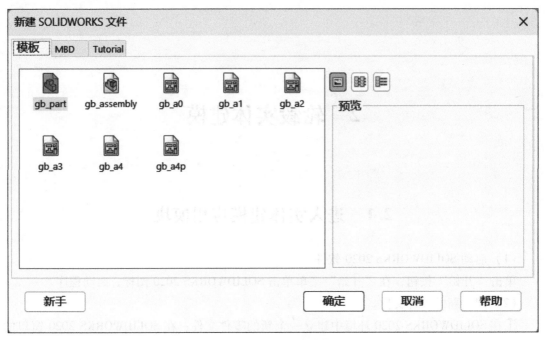

图 2-2 建立新的零件文件

## 2.2 绘制草图

(1) 在 SOLIDWORKS 2020 窗口中选择"草图"→"草图绘制"→"前视基准面"命令，如图 2-3 所示。

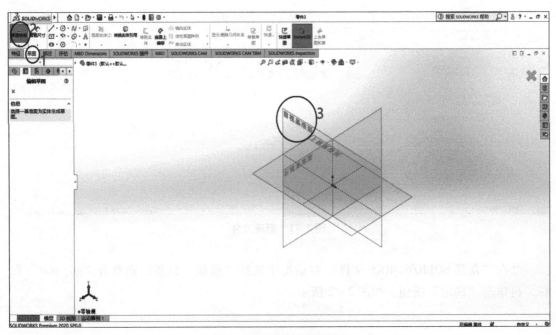

图 2-3 选择绘图基准面

(2) 单击"直线"按钮，在原点右侧绘制闭环草图（图 2-4），只要形状相似即可。

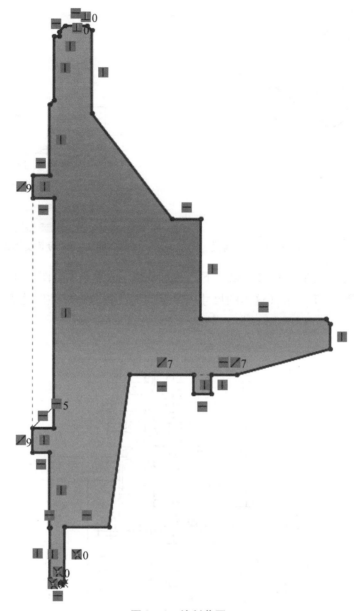

图 2-4　绘制草图

(3) 添加旋转轴线：单击"直线"按钮，在起点处选择坐标原点（0，0），直线长度任意。

(4) 先在竖直方向上添加一条直线，然后单击该直线，在弹出的菜单内单击"构造几何线"图标，将该直线转为构造几何线，如图 2-5 所示。

(5) 设置文件单位：在界面右下角处单击自定义→MMGS（毫米、克、秒）命令，如图 2-6 所示。

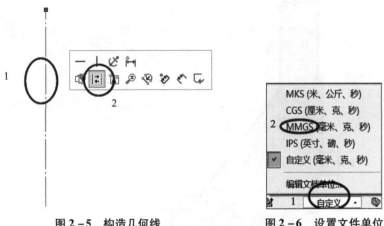

图 2-5　构造几何线　　　　图 2-6　设置文件单位

(6) 添加尺寸：按照图 1-1，以由下至上的顺序，依次添加草图尺寸，注意衔接标注，标注完成效果如图 2-7 所示（这里的尺寸因显示问题已移位，标注时注意数据和对象正确即可）。

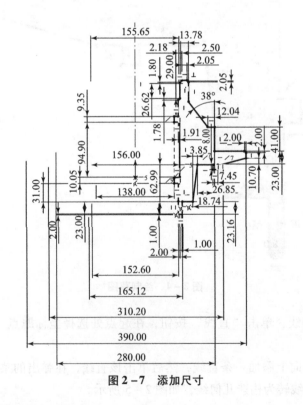

图 2-7　添加尺寸

(7) 单击"退出草图"按钮。

## 2.3 创建模型

（1）旋转草图：在 SOLIDWORKS 2020 软件的"模型"窗口中选择"旋转凸台/基体"→旋转轴线→"确定"命令，如图 2-8 和图 2-9 所示。

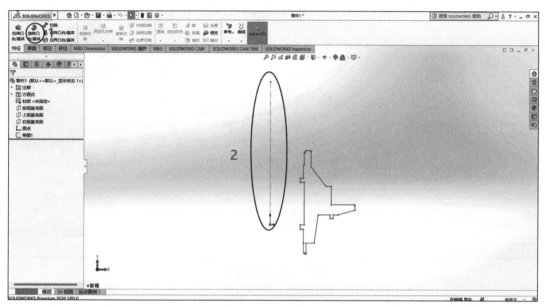

图 2-8 旋转草图（1）

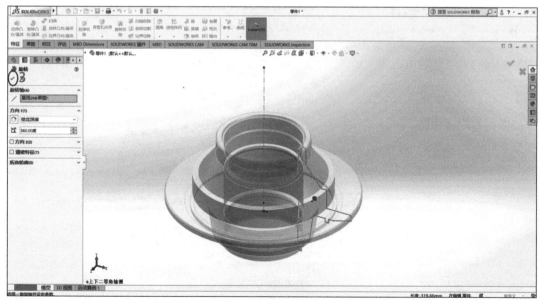

图 2-9 旋转草图（2）

(2) 绘制筋板。

①调整视角：在 SOLIDWORKS 2020 窗口软件的"模型"窗口左上方工具按钮中单击视图定向图标。按下键盘上的空格键，进入调整视图并选择俯视面，如图 2-10 所示。

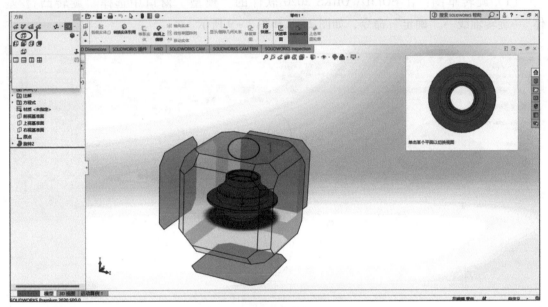

图 2-10 调整视角

②绘制草图：选择"草图"命令，单击"草图绘制"按钮，将平面选择为顶面，如图 2-11 所示。

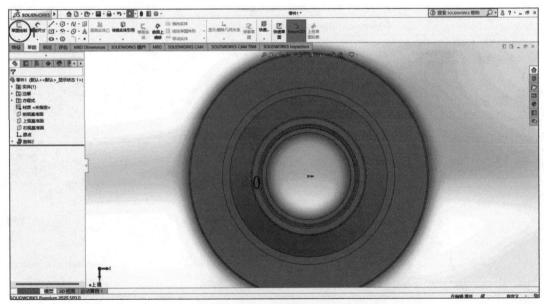

图 2-11 选择草图平面

③单击圆形图标,将圆心选择为原点,绘制任意两圆,最后单击"√"图标,如图 2-12 所示。

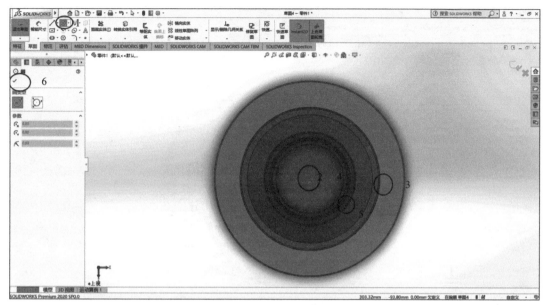

图 2-12　绘制任意两圆

④标注圆的尺寸:先单击"智能尺寸"按钮,后在视图窗口中选择上一步所绘制任意两圆的其中一圆,键入尺寸"285.16";单击,再选择另一圆,键入尺寸"187.57",最后单击"√"图标,如图 2-13 所示。

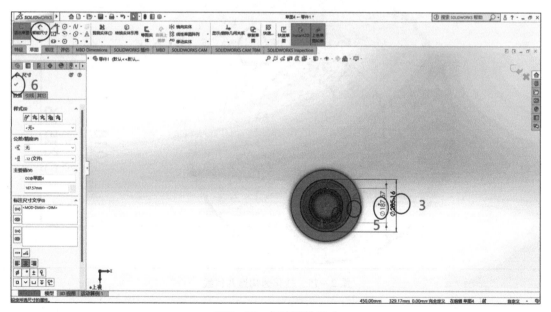

图 2-13　标注圆的尺寸

⑤单击直线图标,绘制一条竖直直线,起点为原点,单击该直线并将其转化为构造几何线,然后单击"确定"按钮,如图2-14和图2-15所示。

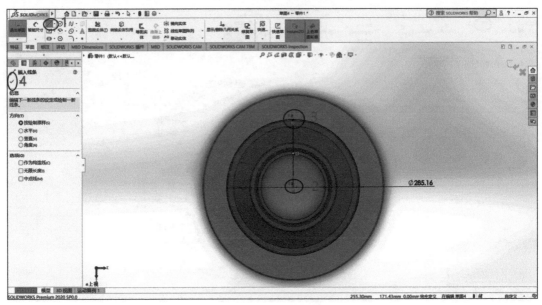

图2-14 绘制直线

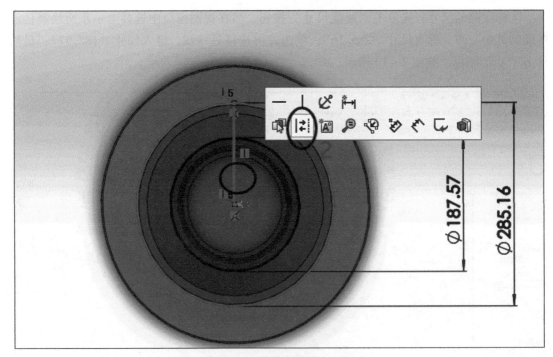

图2-15 转化为构造几何线

⑥单击直线按钮,绘制一条直线,起点为原点,终点为图2-12所绘制的圆上任意一点,但不在图2-15所绘制的几何构造线和其延长线上,且与起点所形成的直线不与该几何

构造线垂直，完成后单击"√"图标，如图2-16所示。

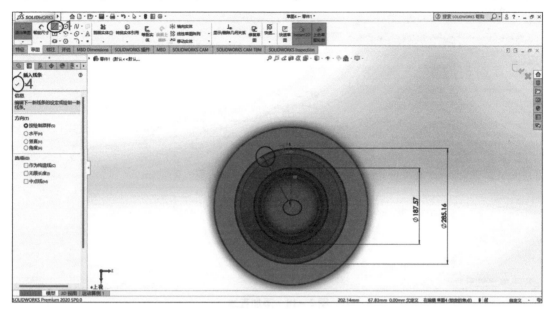

图2-16 绘制直线

⑦添加直线尺寸：先单击"智能尺寸"按钮，再依次单击图2-16所画的直线以及图2-15所画的几何构造线，键入角度"30°"，最后单击"√"图标，如图2-17所示。

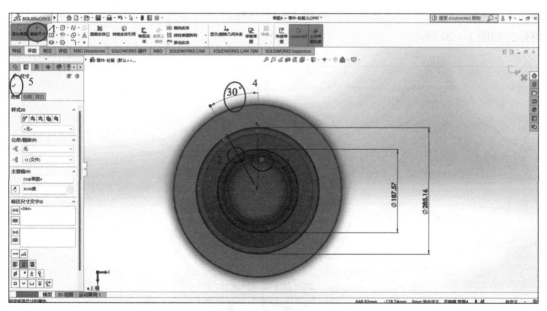

图2-17 添加直线尺寸

⑧单击直线按钮，在图2-17所画的直线左右两侧画任意两条直线（大致与图2-16所画直线平行即可），起点选择图2-12所画的外圆上一点，终点选择图2-12所画的内圆上一点，然后单击"√"图标，如图2-18所示。

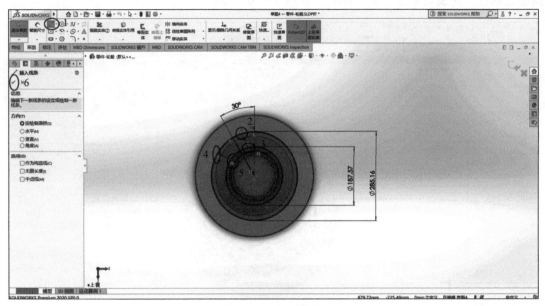

图 2-18 添加直线

⑨添加直线几何约束：先单击图 2-18 所添加两条直线中的任意一条，然后按住 Shift 键，再单击另一条直线。松开 Shift 键后，便会弹出"添加几何关系"对话框，在弹出的对话框中选择"平行"命令，最后单击"√"图标，如图 2-19 所示。然后用同样的步骤添加图 2-19 两条直线中的任意一条，与图 2-15 几何构造线形成平行关系，然后单击"√"图标，如图 2-20 所示。

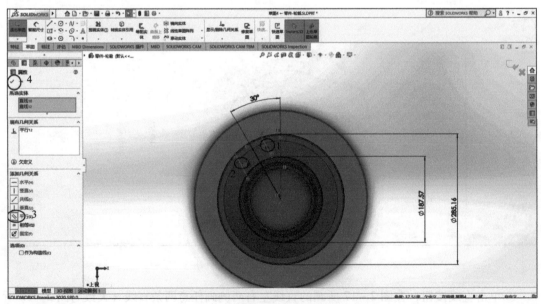

图 2-19 添加两条直线平行关系（1）

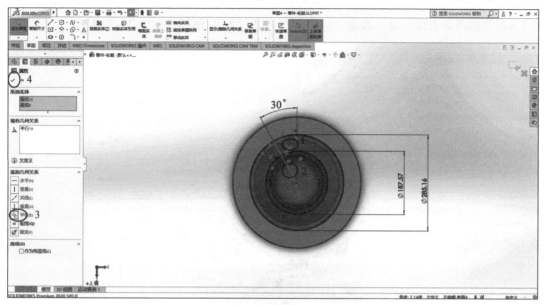

图 2-20  添加两条直线平行关系（2）

⑩添加直线距离尺寸：单击"智能尺寸"按钮，依次单击图 2-20 所添加两条直线中的任意一条和图 2-15 的几何构造线，键入尺寸"10"，如图 2-21 所示。用同样的步骤添加图 2-20 另一条直线和图 2-15 几何构造线并键入两线之间的距离尺寸，或键入图 2-20 两条直线之间尺寸为"20"，然后单击"√"图标。

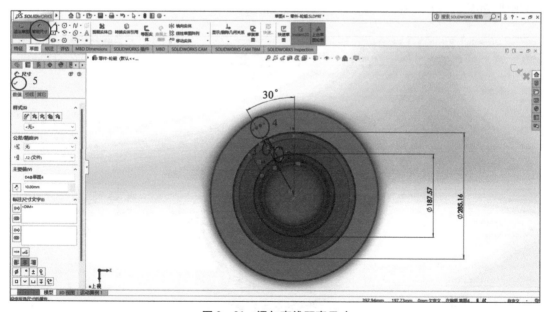

图 2-21  添加直线距离尺寸

⑪阵列直线：在"线性草图"下拉列表框中选择"圆周草图阵列"命令，再依次单击图 2–21 中的两条直线，键入数量"6"，最后单击"√"图标，如图 2–22 所示。

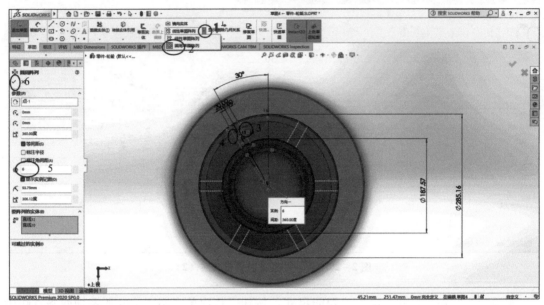

图 2–22　阵列直线

⑫删去多余线条：单击"剪裁实体"按钮，以鼠标拖曳的方式划过需要删除的线条（操作时注意不要删除其他线条），然后单击"√"图标，如图 2–23 所示。删除多余线条后的图形如图 2–24 所示。

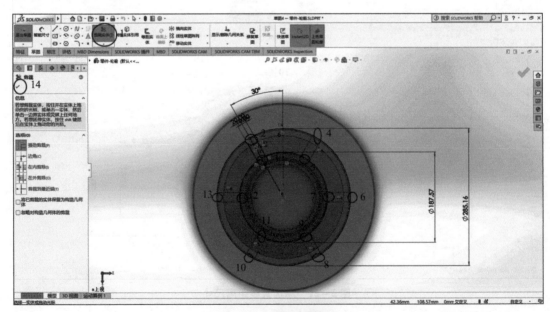

图 2–23　删除多余线条

2 轮毂实体建模

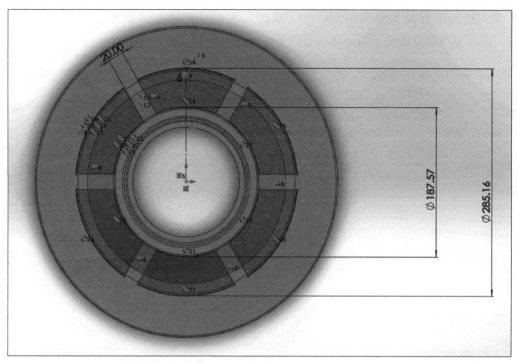

图 2-24 删除多余线条后

⑬单击"退出草图"按钮。

（3）筋板成型。

①选择"特征"→"拉伸切除"命令，键入拉伸长度"123.86"，在"所选轮廓"选项区域中依次选择图 2-24 中草图的深灰色扇形范围，单击"√"图标，如图 2-25 所示。

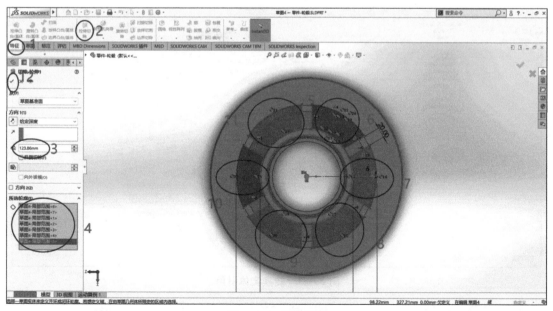

图 2-25 拉伸切除

015

②调整视图方向为俯视图,单击"草图"按钮,再单击"草图绘制"按钮,选择图 2-25 中拉伸切除的终止面为草图绘制平面,如图 2-26 所示。

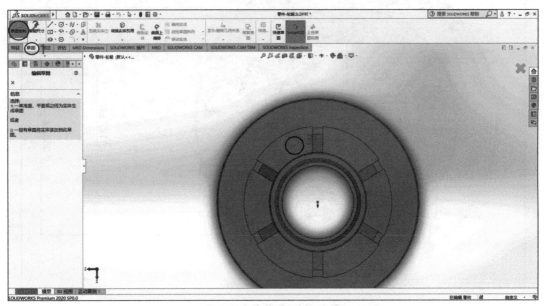

图 2-26　选择草图绘制平面

③单击"转换实体引用"按钮,选择零件,展开图 2-25 拉伸切除,先选择草图,再单击"√"图标,操作步骤如图 2-27 所示。

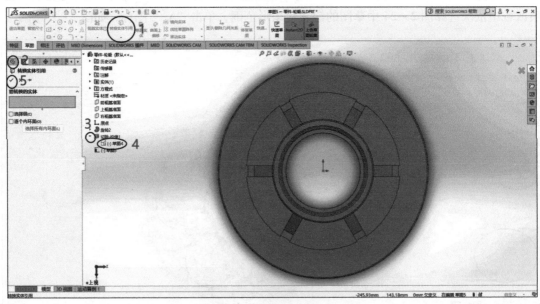

图 2-27　转换实体引用

④单击倒圆角按钮,在"圆角参数(P)"文本框中键入圆角尺寸"R16",圆心选择图 2-27 转换实体引用中的外圆和直线交点,单击"√"图标,如图 2-28 所示。

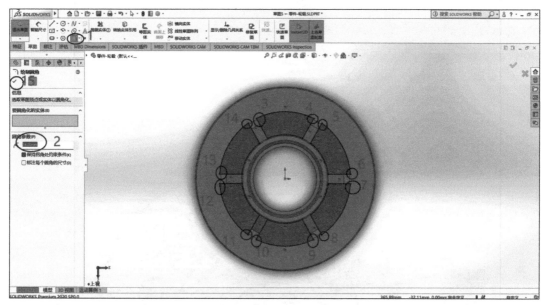

图 2-28 倒圆角

⑤单击圆形按钮,绘制两圆,圆心选择原点,外圆直径为 $\phi$285.16,内圆直径为 $\phi$187.57,如图 2-29 所示。

⑥单击"剪裁实体"按钮,删除多余线条,单击"√"图标,如图 2-30 所示。若删除线条后的图形与图 2-31 相同,则表示删除操作正确。

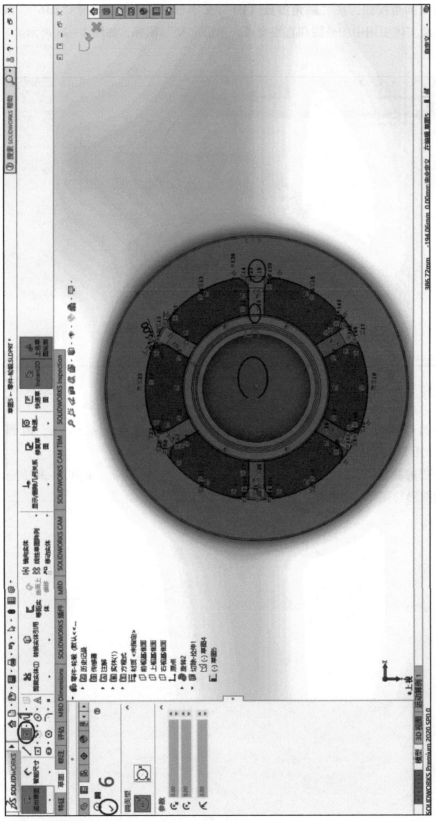

图 2-29 绘制两圆

2 轮毂实体建模

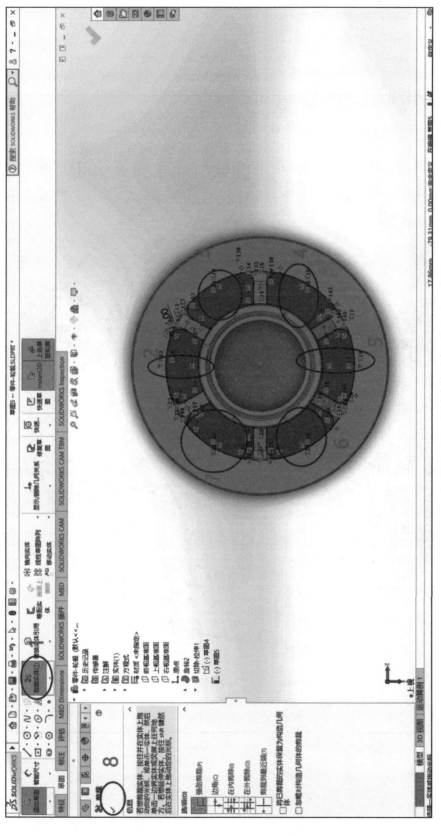

图 2-30 删除多余线条

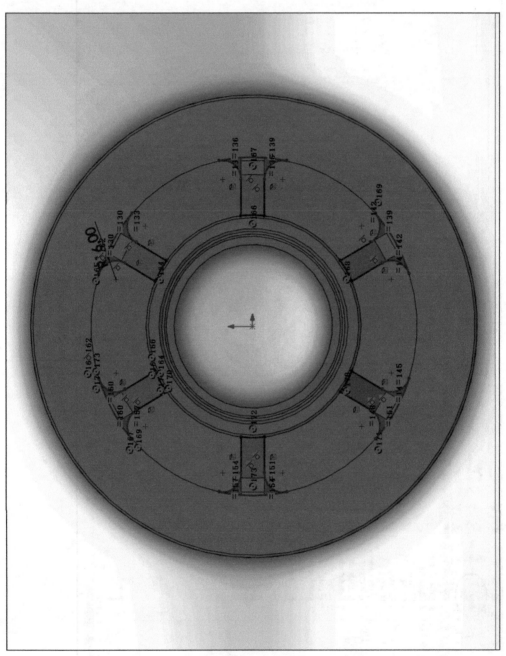

图 2-31 删除线条后的图形

⑦单击"退出草图"按钮。

⑧选择"特征"→"拉伸凸台基体"命令,选择图2-31的草图,左侧对话框中"所选轮廓"下拉列表框中会显示所选轮廓信息,在"方向1(1)"选项区域的下拉列表框中选择"到离指定面指定的距离"命令,键入距离"3.00 mm",勾选"反向等距"复选框,单击"√"图标,如图2-32所示。

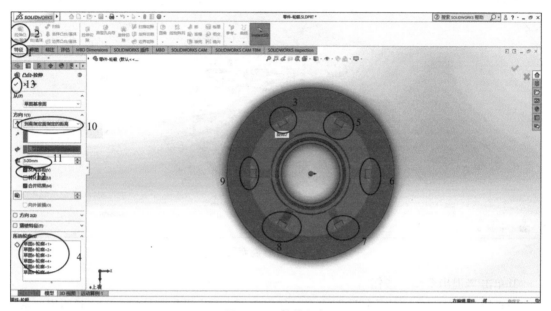

图2-32 拉伸凸台

⑨选择草图平面时,应先选择"草图"→"草图绘制"命令,再选择模型顶面,如图2-33所示。

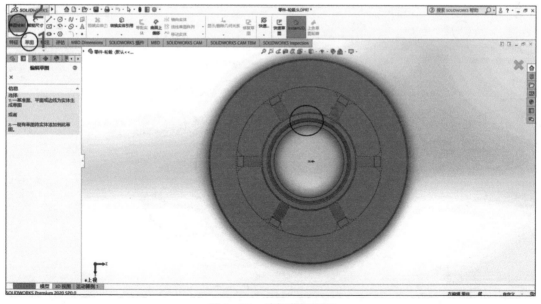

图2-33 选择草图平面

⑩单击圆形按钮,圆心选择原点,绘制两圆,半径尺寸分别为"140"和"142.58",如图 2-34 所示。

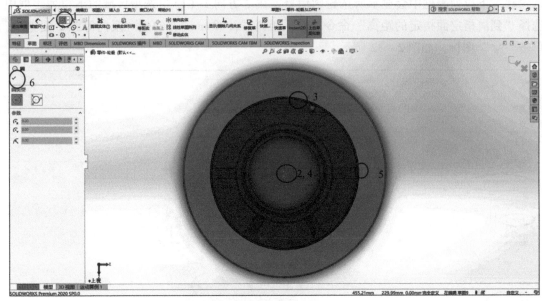

图 2-34 绘制两圆

⑪单击"退出草图"按钮。

⑫选择"特征"→"拉伸切除"命令,如图 2-34 后未进行其他操作,这时不用再选择"所选轮廓"命令;如已经进行其他操作,则在上一步"退出草图"后单击草图(图 2-34)。在"方向 1(1)"选项区域下拉列表框中选择"成型到一面"命令,将面选择腰部大平面,单击"确定"按钮,如图 2-35 所示。

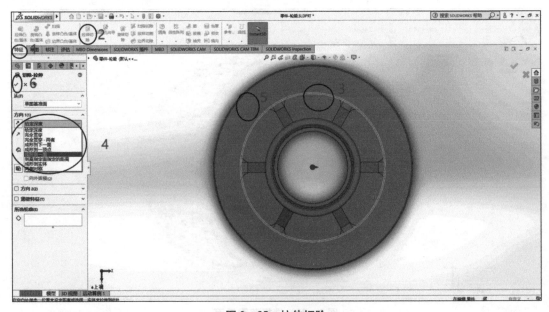

图 2-35 拉伸切除

(4) 螺栓孔加强体成型。

①绘制草图：选择腰部小平面绘制草图，如视角没有回正，键入空格，选择需要的视角即可，如图2-10所示。

②单击圆形按钮，将圆心选择为原点，绘制三个半径分别为"195""155.07"和"144.45"的圆，完成后单击"√"图标，如图2-36所示。

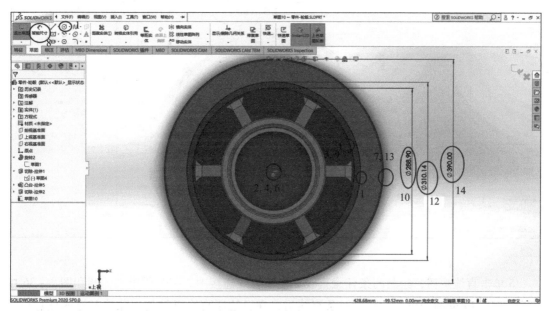

图2-36 绘制三个圆

③单击直线按钮，将起点选择为原点，绘制一条竖直直线，单击"智能尺寸"按钮，设定直线长度为"170"并单击该直线，将其转为构造几何线，如图2-37所示。

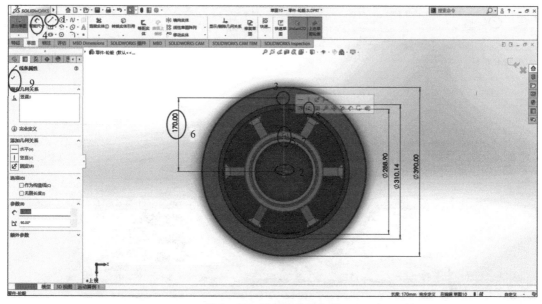

图2-37 绘制构造几何线

④单击"圆形"按钮,圆心为图 2-37 所画直线的终点,绘制半径为"28"的圆,单击"智能尺寸"按钮,设定圆半径为"28",单击"√"图标,操作如图 2-38 所示。

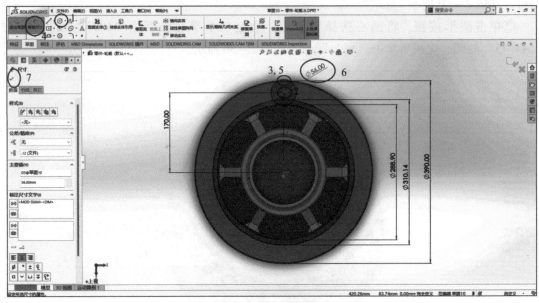

图 2-38 绘制圆形

⑤单击直线按钮,绘制两条任意直线,使该直线连接图 2-38 所绘制的圆和图 2-36 中直径为 310.14 的圆即可。绘制完一条直线后,在已绘制直线以外的、除功能键的任意位置双击,即可绘制新直线,两条直线都绘制完成后,单击"√"图标,如图 2-39 所示。如果在绘制直线时自动添加了"相切"几何约束,则仅需单击已绘直线,右键单击"几何约束"按钮,选择"删除所有"命令即可,如图 2-40 所示。

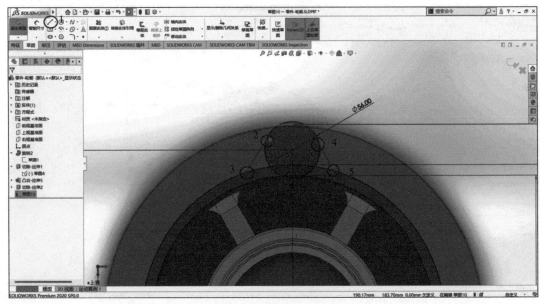

图 2-39 绘制两条直线

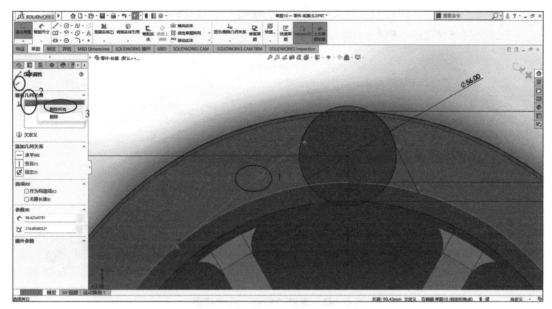

图 2-40 清除几何约束

⑥添加直线尺寸:单击"智能尺寸"按钮,先选择其中任意一条直线,然后选择图 2-37 中的几何构造线,键入角度"4.5°",再选择两条直线,键入角度"9°",单击"√"图标,如图 2-41 所示。

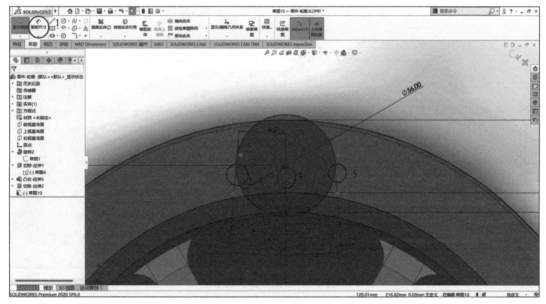

图 2-41 添加直线尺寸

⑦单击图 2-39 中的一条直线并按住 Shift 键,选择图 2-40 中的圆,松开 Shift 键,在"几何约束关系"选项区域选择"相切"命令,单击"√"图标,如图 2-42 所示。

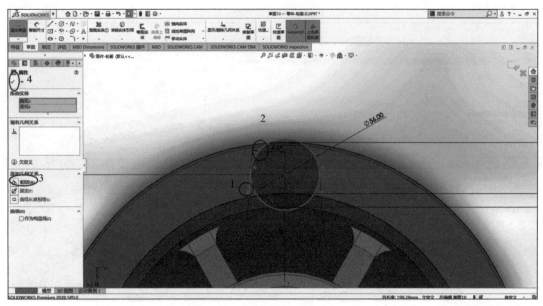

图 2-42　添加"相切"几何约束

⑧用同样的方法添加图 2-39 的另外一条直线,与图 2-40 中的圆相切。单击"剪裁实体"按钮,删除多余线条,单击"√"图标。如果删除完成后的图像与图 2-43 相符,则表示删除正确。

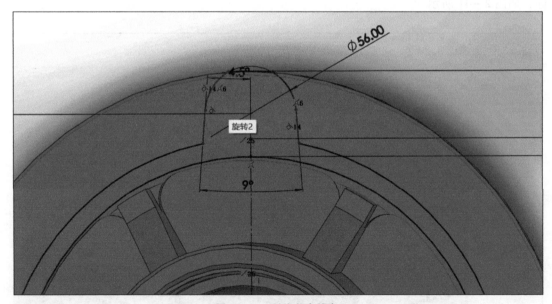

图 2-43　删除多余线条

⑨在"线性草图阵列"下拉列表框中选择"圆周草图阵列"命令,选择图 2-43 的外圆和未定义草图线条,键入数量"10",单击"√"图标,如图 2-44 所示。

⑩单击"剪裁实体"按钮,删除多余线条,单击"√"图标。如果删除后的图形与图 2-45 相同,则表示删除正确。

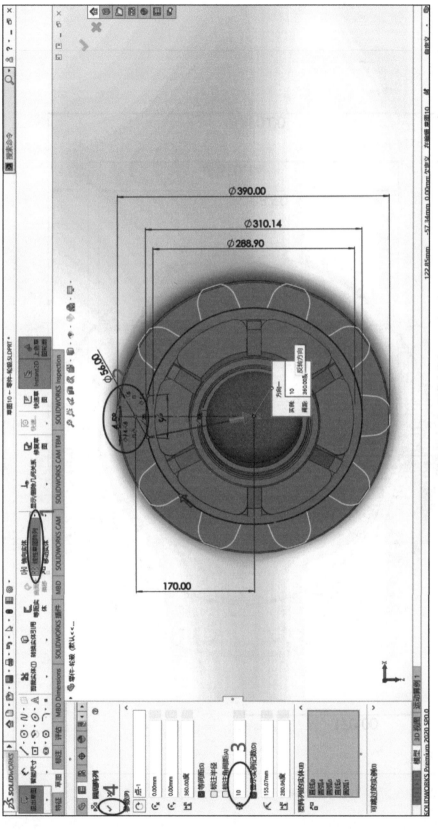

图 2-44 圆周草图阵列

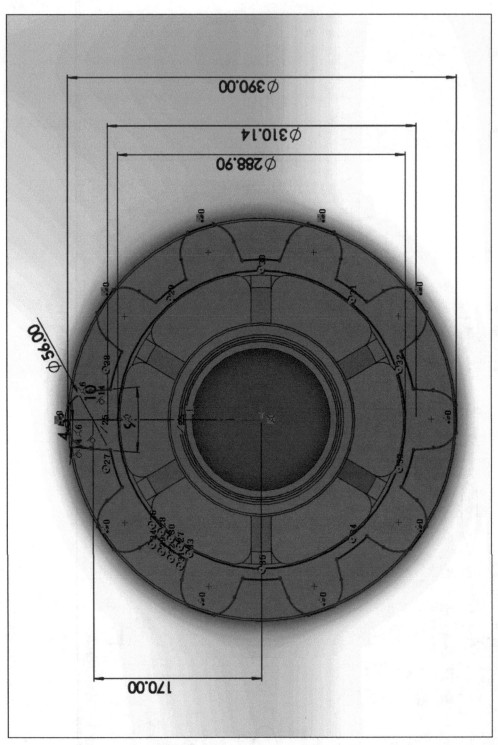

图 2-45 删除多余线条

⑪单击"退出草图"按钮。

⑫选择"特征"→"拉伸凸台/基体"命令，选择草图（图2-45），键入拉伸长度"15.00 mm"，单击"√"图标，如图2-46所示。

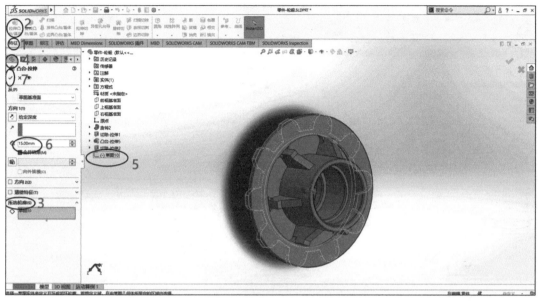

图2-46　拉伸凸台

⑬单击"异形孔向导"按钮，在"类型"选项区域中单击"暗销孔" 图标，勾选"显示自定义大小"复选框，键入尺寸"22.00 mm"，勾选"近端锥孔"复选框，键入尺寸"24.00 mm"，单击"位置"按钮，选择腰部大平面，再选择孔的位置（在原点正上方即可，且不超出图2-45的范围），单击"√"图标，如图2-47所示。

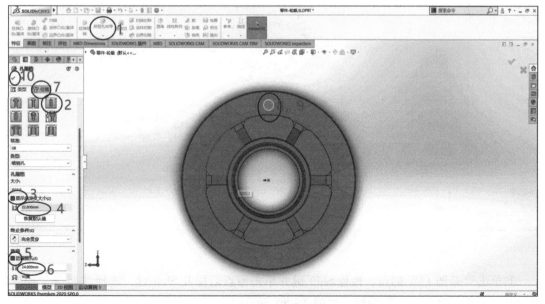

图2-47　孔的成型

⑭单击"草图"按钮,在"大小 mm 暗销孔 1"的下拉列表框中选择"草图 11",单击"草图绘制"按钮,如图 2-48 所示;单击"智能尺寸"按钮,选择"草图 11"的点与原点,键入尺寸"170.00 mm",单击"√"图标,如图 2-49 所示。

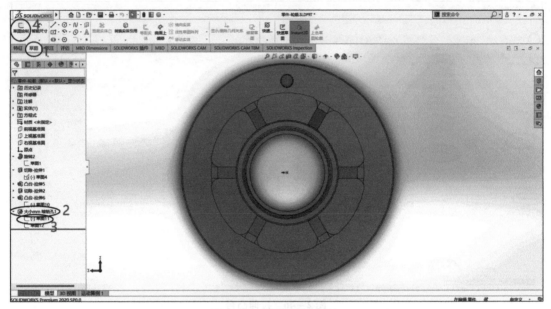

图 2-48 孔的定位(1)

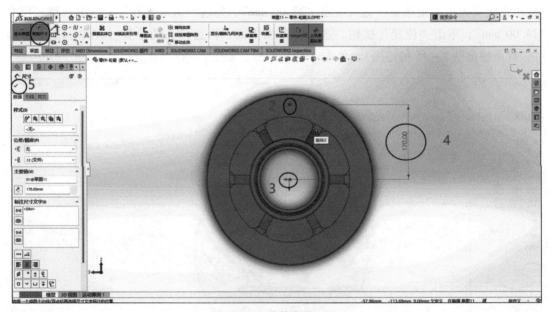

图 2-49 孔的定位(2)

⑮单击"草图 11"的点,按住 Shift 键并单击原点后松开 Shift 键,选择"竖直"命令,形成几何关系,单击"√"图标,如图 2-50 所示。

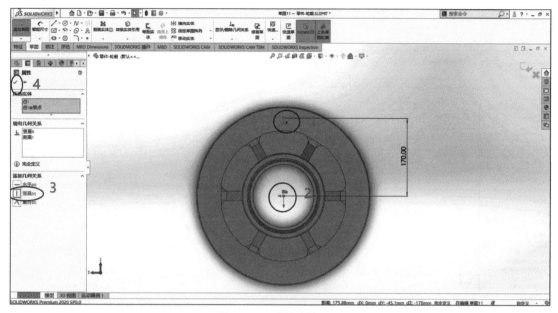

图 2-50　孔的定位（3）

⑯单击"退出草图"按钮。

⑰单击"特征"按钮，在"线性阵列"下拉列表框中选择"圆周阵列"命令，如图 2-51 所示。

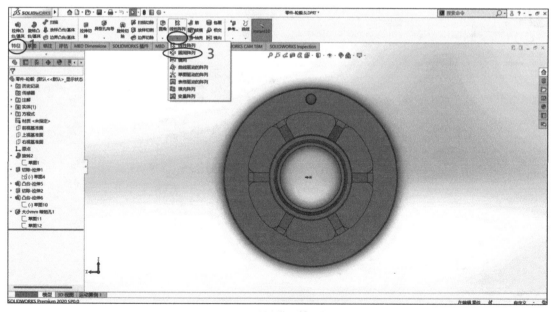

图 2-51　圆周阵列

⑱在弹出的"方向"对话框中选择任一以原点为圆心的完整圆形，分别键入阵列范围"360.00 度"，阵列数量"10"，单击"√"图标，如图 2-52 所示。

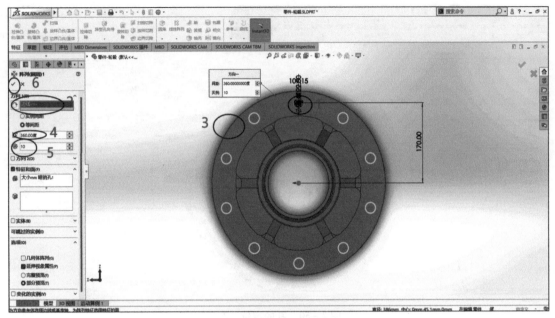

图 2-52 圆周阵列孔

(5) 内键槽成型。

①选择"草图"→"草图绘制"命令,将绘制平面选择为顶面,如图 2-53 所示。

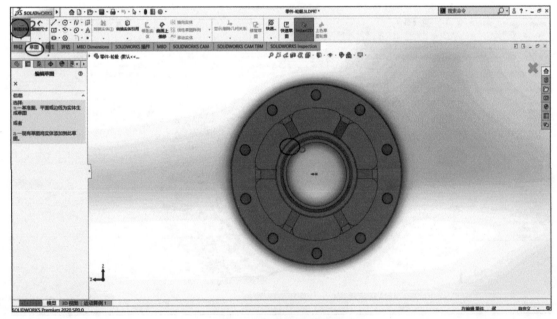

图 2-53 选择绘制平面

②单击直线按钮,起点选择原点,绘制一条竖直直线,单击"智能尺寸"按钮,将该直线的长度尺寸添加为"60.44",单击"√"图标,如图 2-54 所示。

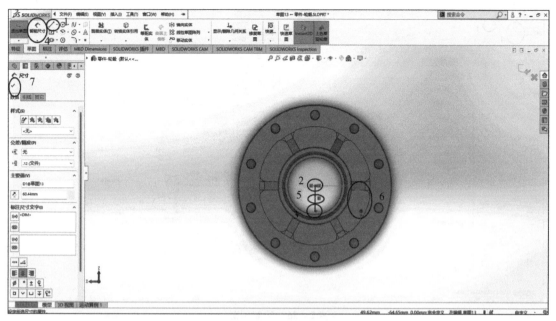

图 2-54　绘制直线

③单击在图 2-54 中画出的直线,在"线条属性"面板中选择"构造几何线"命令,将该直线转化为构造几何线,然后单击"√"图标,如图 2-55 所示。

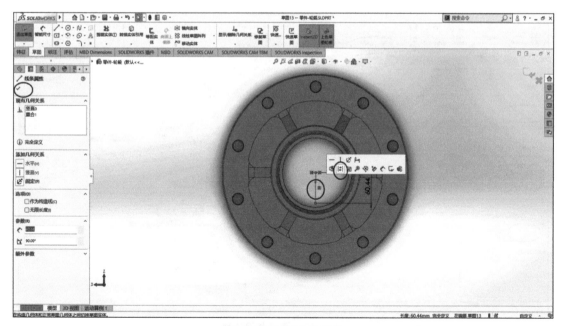

图 2-55　构造几何线

④先单击圆形按钮,圆心选择图 2-55 的构造几何线终点,绘制任意圆形,再单击"智能尺寸"按钮并选择该圆形,键入尺寸"24.18",单击"√"图标,如图 2-56 所示。

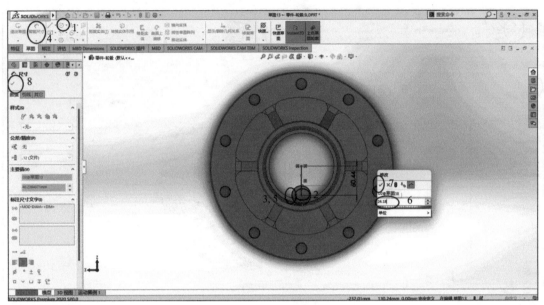

图 2-56 绘制圆形

⑤选择"线性草图阵列"下拉列表框中的"圆周草图阵列"命令,阵列中心点选择原点,阵列特征选择图 2-56 的圆形,键入阵列数量为"3"并单击"√"图标,如图 2-57 所示。

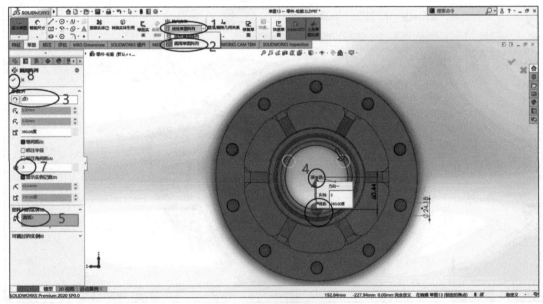

图 2-57 圆周草图阵列

⑥先选择"特征"→"拉伸切除"命令,再选择"成型到一面"命令,面选择底面,草图轮廓选择"草图 13",单击"√"图标,如图 2-58 所示。

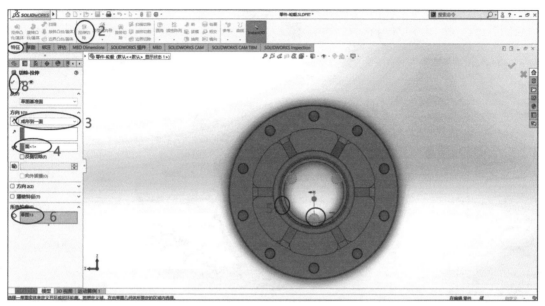

图 2-58 拉伸切除

(6) 倒圆角。

①单击"圆角"按钮,键入圆角半径为"15.00 mm",选择所有筋板与圆柱面上交线、所有筋板侧面与圆柱面交线,单击"√"图标,如图 2-59 所示。

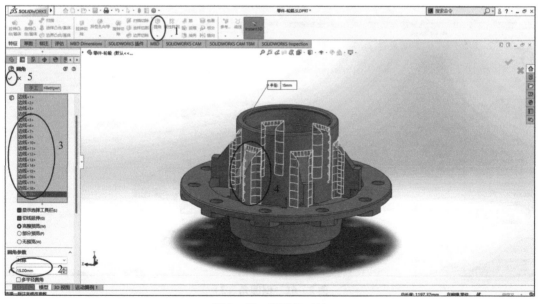

图 2-59 倒圆角(1)

②单击"圆角"按钮,键入圆角半径为"5.00 mm",选择所有筋板顶面,单击"√"图标,如图 2-60 所示。

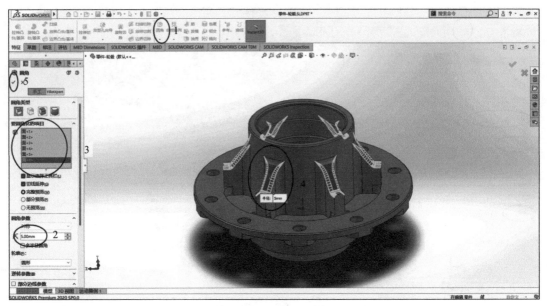

图 2-60 倒圆角（2）

③单击"圆角"按钮，键入圆角半径为"2.00 mm"，选择所有筋板前面与侧面和顶面的交线，单击"√"图标，如图 2-61 所示。

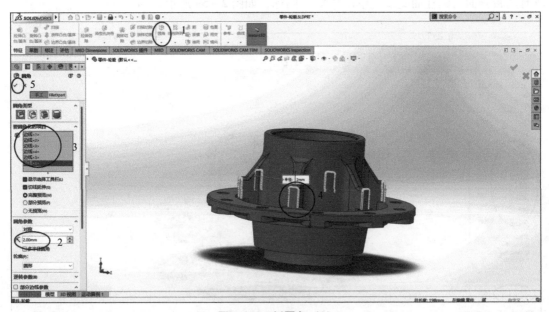

图 2-61 倒圆角（3）

④单击"圆角"按钮，键入圆角半径为"3.01 mm"，选择图 2-26 中的所有终止面，单击"√"图标，如图 2-62 所示。

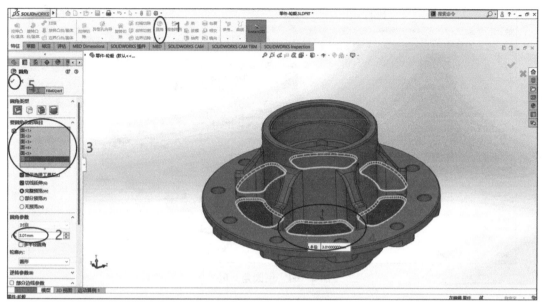

图 2-62 倒圆角（4）

⑤单击"圆角"按钮，键入圆角半径为"2.00 mm"，选择所有腰部下平面与腰环的外交线，单击"√"图标，如图 2-63 所示。

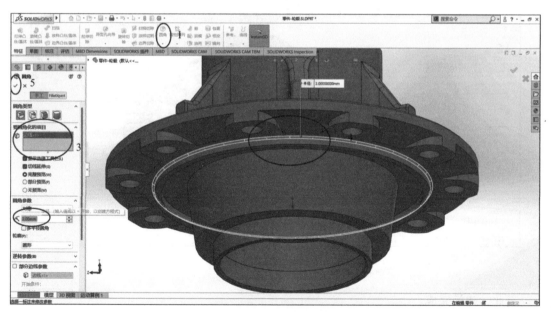

图 2-63 倒圆角（5）

⑥单击"圆角"按钮，键入圆角半径为"16.00 mm"，选择所有腰部下平面与下锥面的交线，单击"√"图标，如图 2-64 所示。

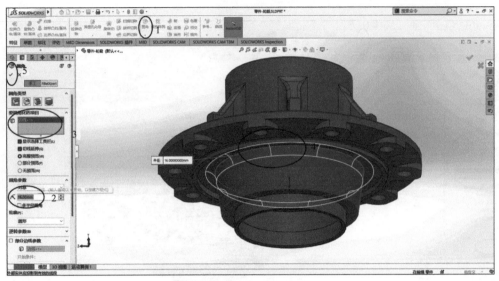

图 2-64 倒圆角（6）

⑦单击"圆角"按钮，键入圆角半径为"5.00 mm"，选择所有腰部下平面与腰环的内交线，单击"√"图标，如图 2-65 所示。

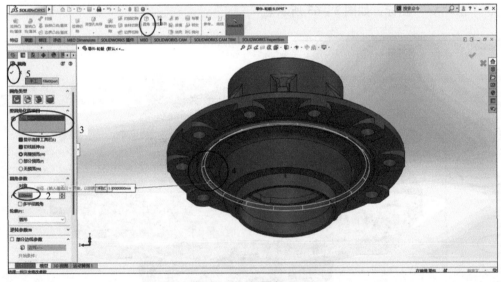

图 2-65 倒圆角（7）

至此，建模完成。

## 2.4 模型上色

（1）按住 Shift 键，选择所有需要染色的面（图 2-66 ~ 图 2-68），松开 Shift 键，在弹出的"外观，布景和贴图"对话框中选择"外观（color）"→"油漆"→"喷射"命令，单击"黑色喷漆"按钮,如图2-69和图2-70所示。

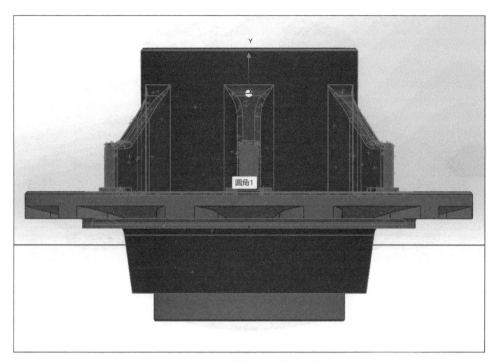

图2-66 需要染色的面(1)

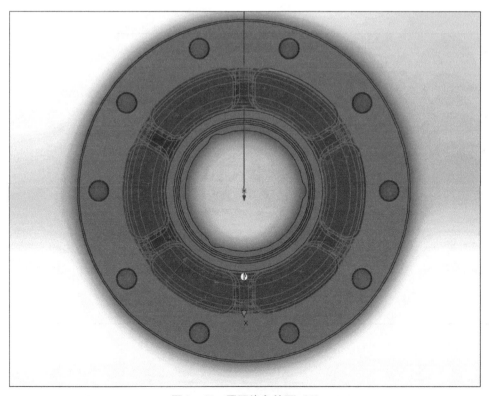

图2-67 需要染色的面(2)

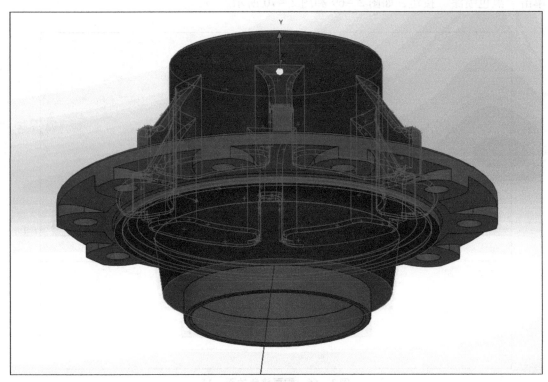

图 2-68 需要染色的面（3）

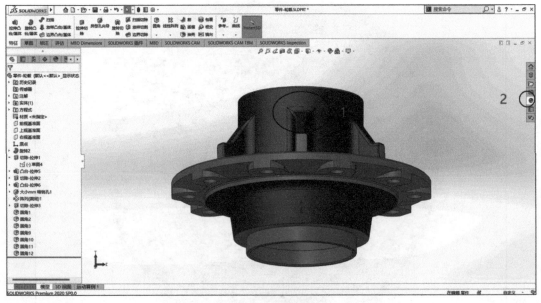

图 2-69 染色（1）

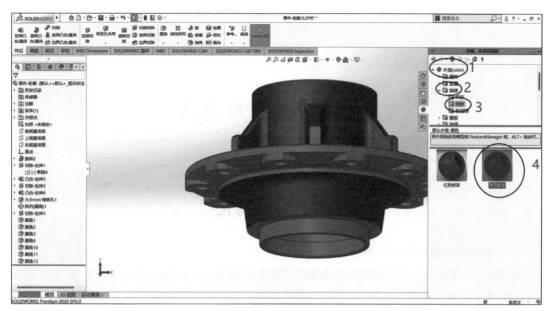

图 2-70 染色（2）

（2）染色步骤完成。

至此，轮毂三维建模全部完成。

# 3 轮毂有限元仿真

## 3.1 模型简化

(1) 启动 SOLIDWORKS 2020 软件。

单击"开始"按钮,弹出"开始"菜单,单击 SOLIDWORKS 2020 按钮,启动 SOLIDWORKS 2020 软件。

(2) 删除面工具。

①调出曲面工具栏:在菜单栏的空白处右击,选择"选项卡"→"曲面"命令,调出"曲面"工具栏,如图 3-1 所示。

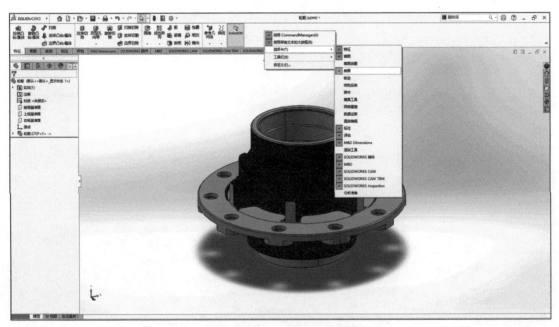

图 3-1 调出"曲面"工具栏

②删除面工具:选择"曲面"→"删除面"命令,其工具界面如图 3-2 所示。

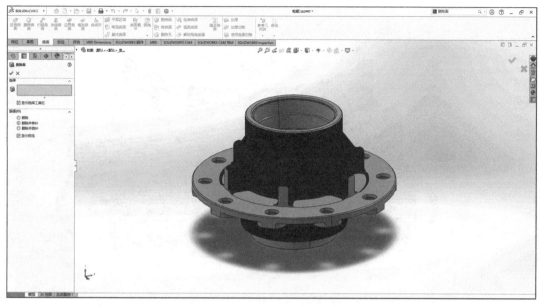

图3-2 "删除面"工具界面

(3) 使用"删除面"工具去除加强筋的圆角结构。

①单击"删除面"按钮,依次单击加强筋侧面的6个曲面,在"选项(O)"选项区域中勾选"删除并修补"复选框,最后单击"√"图标,如图3-3所示。

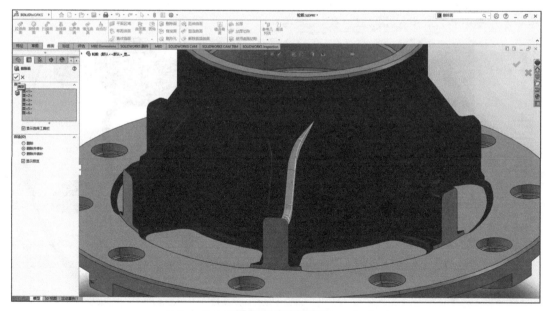

图3-3 选择面

②加强筋一侧曲面删除结果如图3-4所示。

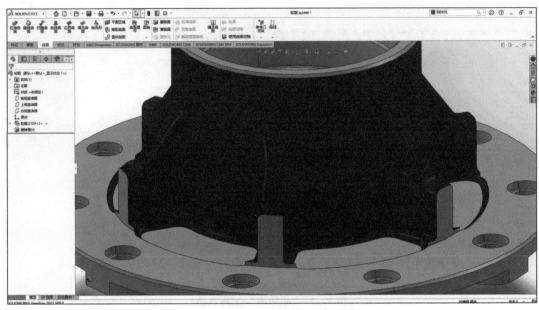

图3-4　加强筋一侧曲面删除结果

③用同样方法选择加强筋的其余倒圆角曲面,单个加强筋圆角曲面删除后的结果如图3-5所示。

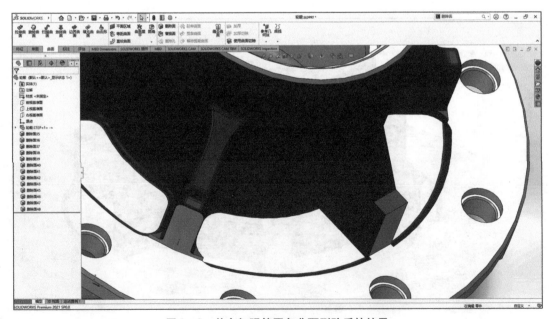

图3-5　单个加强筋圆角曲面删除后的结果

(4) 删除法兰孔末端倒角。

①使用"删除面"工具选中法兰孔末端倒角面,如图 3-6 所示。

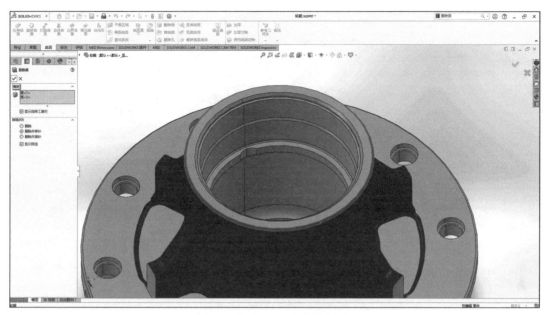

图 3-6　法兰孔末端倒角面

②法兰孔末端倒角删除后的结果如图 3-7 所示。

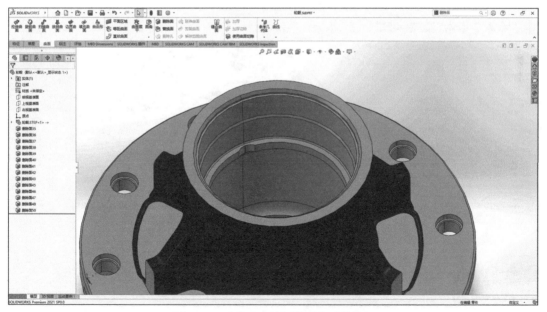

图 3-7　法兰孔末端倒角删除后的结果

(5) 删除法兰孔内半圆孔面。

①使用"删除面"工具选中法兰孔内的半圆孔面,如图3-8所示。

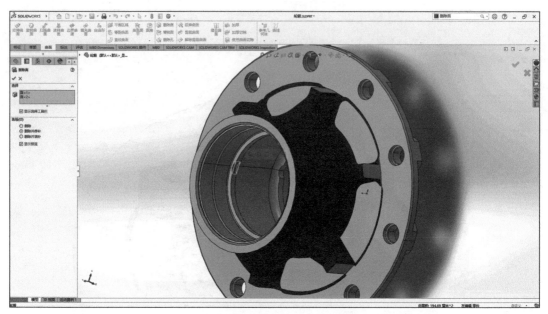

图3-8 选中法兰孔内的半圆孔面

②法兰孔内的半圆孔面删除后结果如图3-9所示。

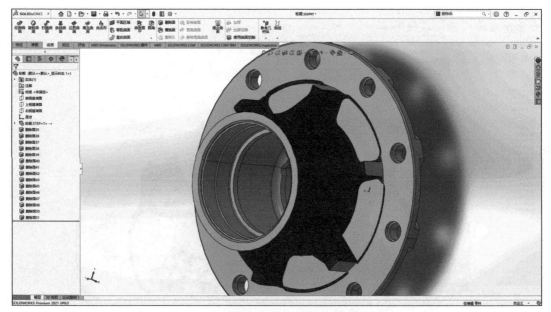

图3-9 法兰孔内的半圆孔面删除后结果

(6) 移动面命令简化内孔。

①在菜单栏选择"插入"→"面"→"移动"命令,如图 3-10 所示。

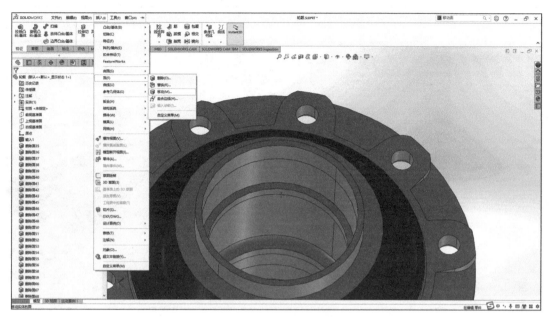

图 3-10 移动面命令

②在"移动面"属性界面"参数(P)"选项区域中下拉列表框里选择"成型到一面"命令,如图 3-11 所示。

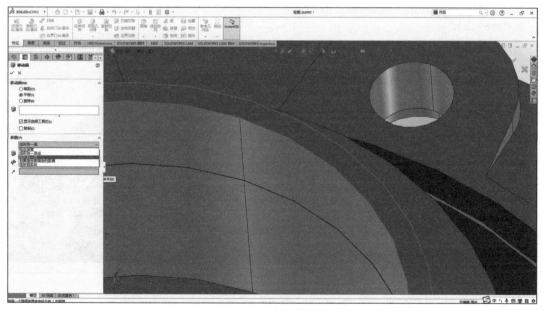

图 3-11 移动面设置

③依次单击图3-12中箭头①指向弧线所在的圆环平面（面2）、箭头②指向的圆环，单击移动面下的"确定"按钮，如图3-12所示。

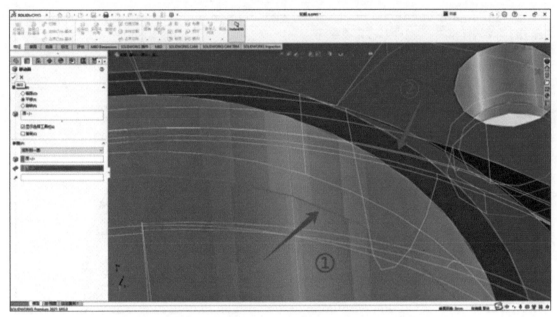

图3-12 选中面

④将小面与上面合并，结果如图3-13所示。

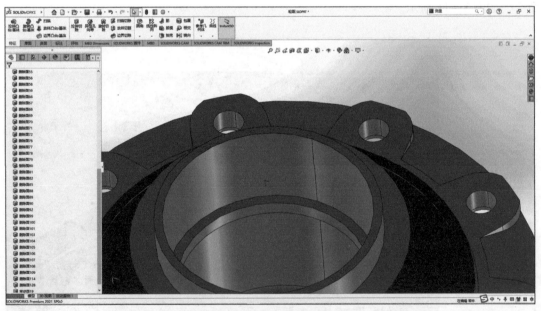

图3-13 小面与上面合并结果

⑤处理法兰另一侧孔时，也要使用"移动面"工具，分别选择图3-15中箭头①指向的圆环平面（面1）、箭头②指向的圆环平面（面2），如图3-14所示。

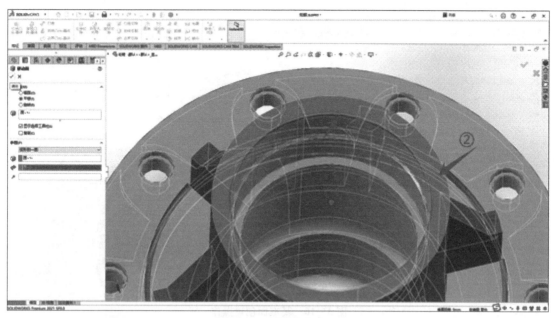

图 3-14　选择移动面

⑥移动面结果如图 3-15 所示。

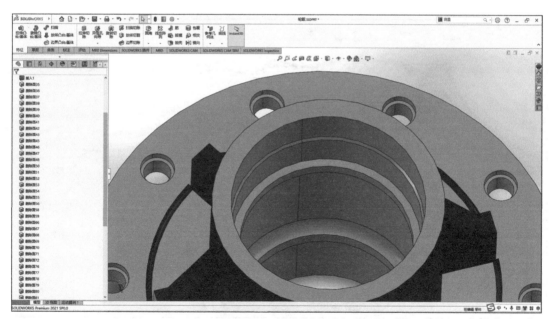

图 3-15　移动面结果

(7) 拉伸面命令简化内孔。

①选择菜单栏"参考几何体"→"基准面"命令,在"第一参考"选项区域选择图 3-16 所示中箭头所指的边线,单击"确定"按钮。

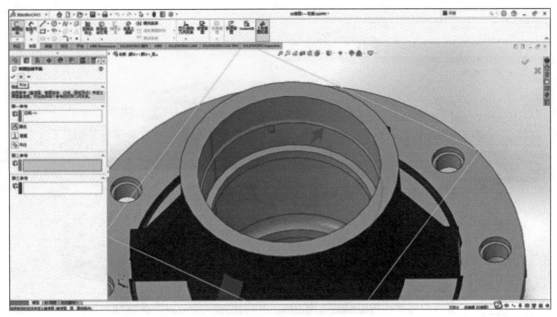

图 3-16　基准面创建操作

②选择"草图"→圆形绘制工具→三点绘圆命令,分别选择图 3-17 中圈中的三个点,单击"确定"按钮便可绘制圆形了,如图 3-17 所示。

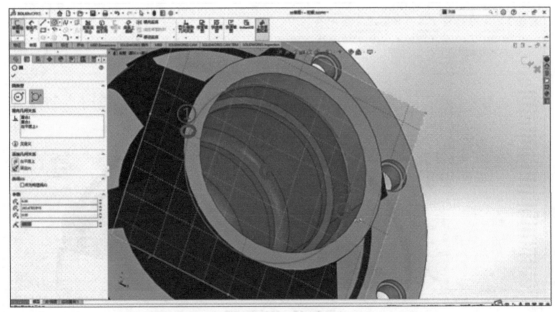

图 3-17　绘制圆形

③选择"特征"→"拉伸切除"命令,在"方向 1 (1)"选项区域的第一个下拉列表框选择"成型到一面"命令,依次选择图 3-18 中箭头①所指边线与箭头②所指平面,单击"确定"按钮,进行拉伸切除,如图 3-18 所示。

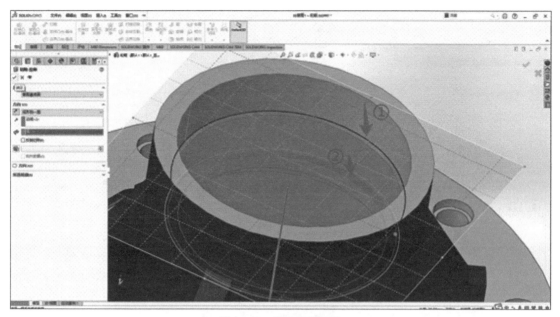

图 3-18 拉伸切除操作

④拉伸切除结果如图 3-19 所示。

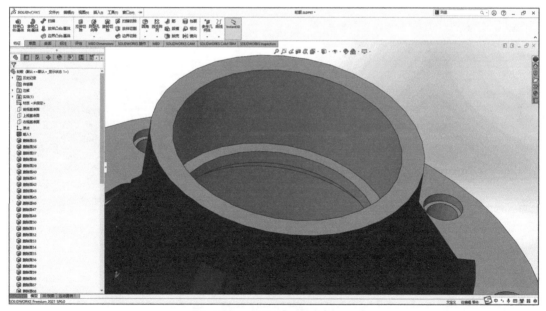

图 3-19 拉伸切除结果

(8) 截取轮毂结构的一半。

①轮毂的静力分析可以只取结构的一半进行:选择"参考几何体"→"基准面"命令,选加强筋侧面,输入偏移尺寸"10 mm",勾选"反转等距"复选框,单击"确定"按钮,如图 3-20 所示。

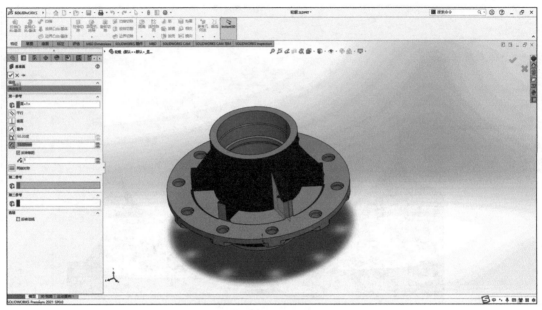

图 3-20　基准面创建

②单击"旋转切除"按钮,选中创建的基准面,如图 3-21 所示。

图 3-21　选中创建的基准面

③选择"草图"命令,进入草图编辑界面,单击"退出草图"右侧的"矩形"按钮,以轮毂对称轴为界绘制矩形,单击"确定"按钮,如图 3-22 所示。

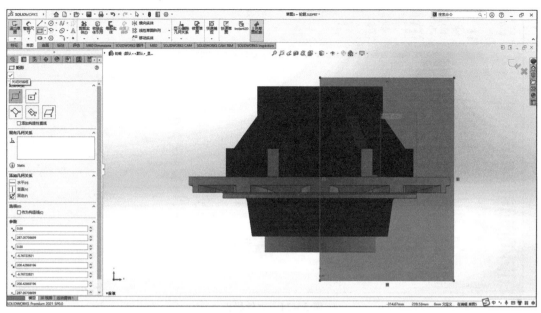

图 3-22 创建草图

④在"旋转轴"中选中轮毂轴线,将角度输入为 180 度,单击"确定"按钮后的轮毂按对称轴切除结构如图 3-23 所示。

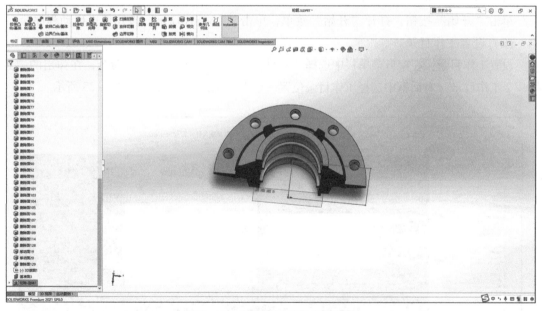

图 3-23 轮毂按对称轴切除结构

(9) 模型导出。

将轮毂导出为 STEP 模型,选择"文件"→"另存为"命令,在弹出的"另存为"对话框中,在"保存类型"下拉列表框选择 STEP 格式并单击"保存"按钮将文件导出,如图 3-24 所示。

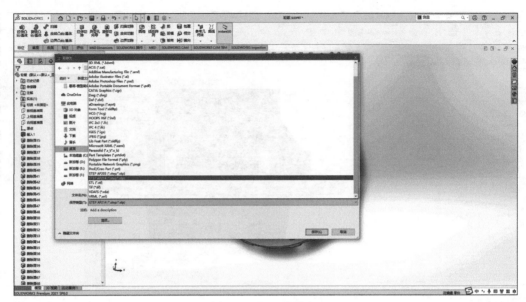

图 3-24　文件导出

## 3.2　模型导入

（1）启动 Abaqus/CAE 2018。

单击"开始"按钮，打开"开始"菜单，单击"Abaqus CAE"按钮便可启动程序。

（2）设置工作目录。

设置工作目录：在窗口菜单栏中选择"文件"→"设置工作目录"命令，在弹出的"选择一个工作目录"对话框中选择工作目录位置，单击"确定"按钮，如图 3-25 所示。

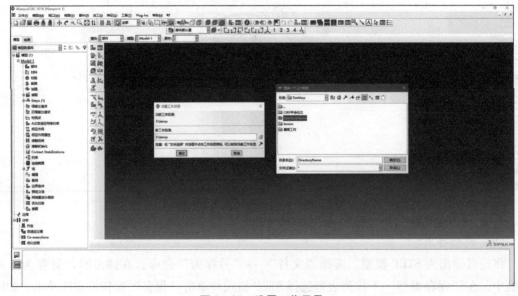

图 3-25　设置工作目录

(3) 导入轮毂部件。

①导入轮毂部件：在窗口左侧"模型至（1）"选项区域中选择"部件"命令，右击后在弹出的菜单中选择"导入"命令，定位到轮毂模型所在位置，单击"确定"按钮，在保持默认设置后，单击"确定"按钮便可导入轮毂模型，如图 3-26 所示。

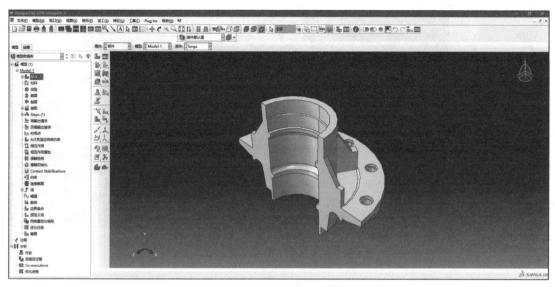

图 3-26 导入轮毂模型

②在轮毂上划分与螺栓接触面区域：单击部件模块下的"创建壳：拉伸"按钮，选中轮毂面，再次选择该平面上的任意边线，单击"确定"按钮，如图 3-27 所示。

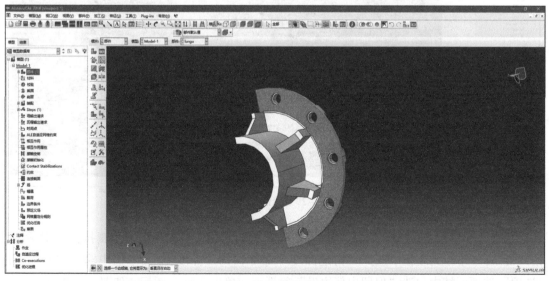

图 3-27 进入草图

③软件自动进入草图编辑界面,单击"创建圆:圆心和圆周"按钮,在轮毂螺栓孔圆心处绘制一任意半径圆形,单击"创建尺寸"按钮,选择绘制圆形,输入圆的半径,单击"√"图标,如图3-28所示。

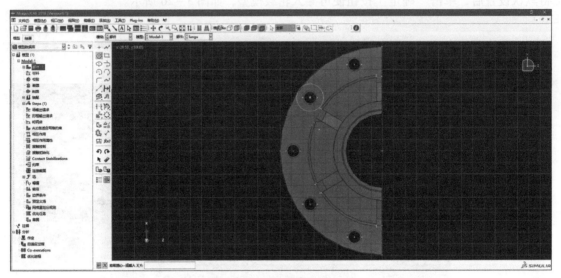

图3-28 单个圆形绘制完成

④重复以上步骤,在其他4个螺栓处绘制圆形,如图3-29所示。

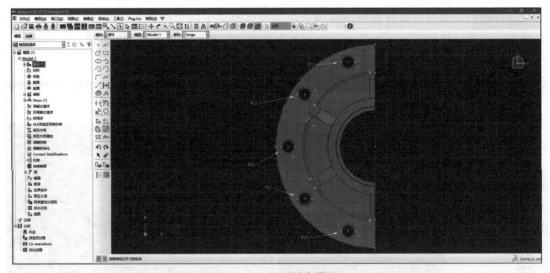

图3-29 绘制其余圆形

⑤圆形绘制完成后,单击鼠标中键退出草图编辑界面,自动弹出"编辑拉伸"对话框,在"类型:"下拉列表框中选择"指定深度"命令,在"深度:"文本框中输入"50",在"选项"选项区域中勾选"保留内部边界"复选框,单击"√"图标,如图3-30所示。

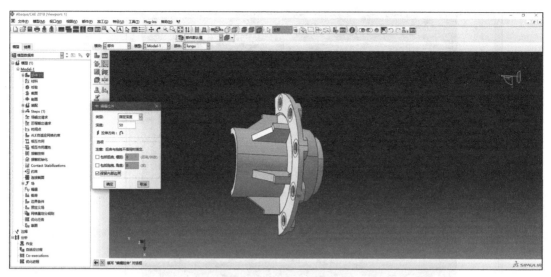

图3-30 拉伸圆形

⑥选择"工具"→"查询"→"几何诊断"→"壳面"命令,选择"高亮"→"替换选中"→"工具"→"几何编辑"→"表面"→"删除"命令,选中图3-31中的5个壳面,单击"完成"按钮,螺栓接触面创建便完成了。

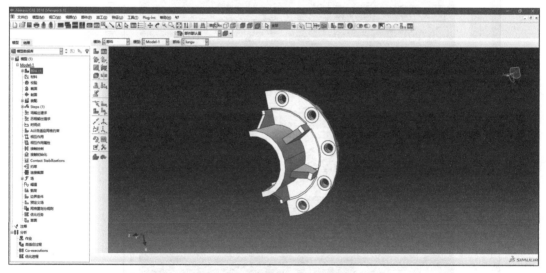

图3-31 螺栓接触面创建完成

(4)创建轴段部件。

①单击部件下的"创建部件"按钮,弹出"创建部件"对话框,输入部件名称,选择"三维"→"可变形"→"实体"→"旋转"→"继续"→"创建线:首尾相连"→"添加尺寸"命令,如图3-32所示。

②单击"创建构造:过两点的斜线"按钮,在草图左侧绘制轴线并将其作为草图旋转轴。绘制构造线后,按提示选中构造线并确定,如图3-33所示。

③设置旋转角度为"90",单击"确定"按钮绘制出1/4轴段,如图3-34所示。

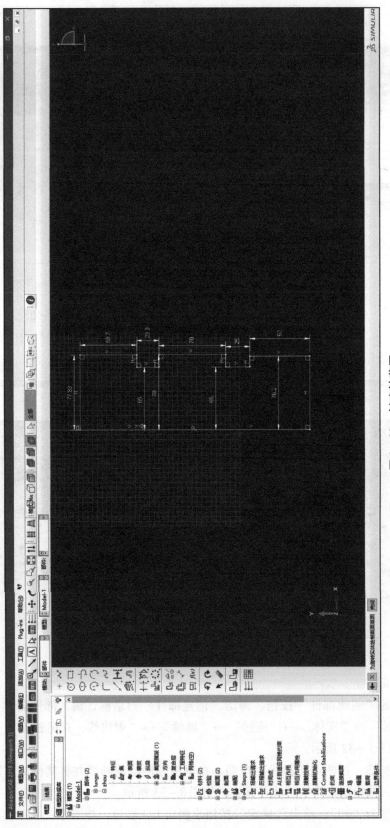

图 3-32 创建轴草图

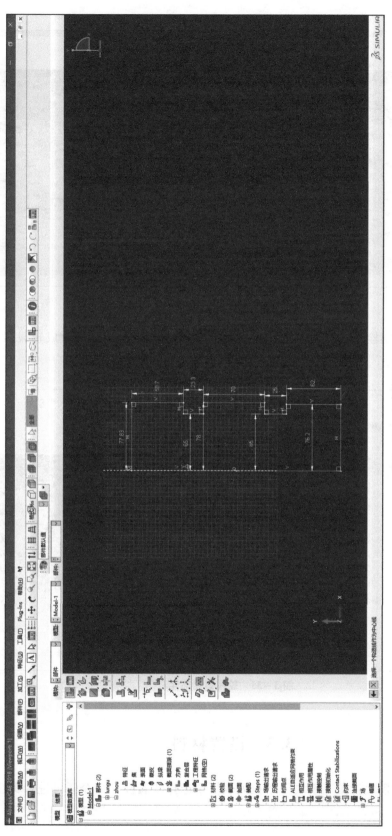

图 3-33 完成草图

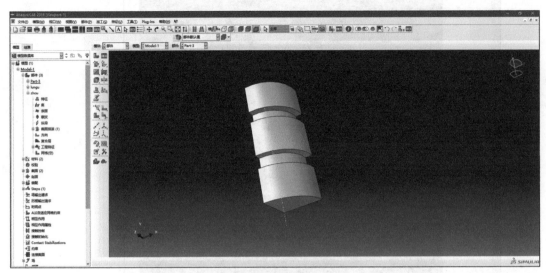

图 3–34 轴段部件

(5) 创建轮毂螺栓。与轴同样方法,先生成一半螺栓部件,再旋转生成轮毂螺栓,螺栓用于施加轮毂扭矩,如图 3–35 所示。

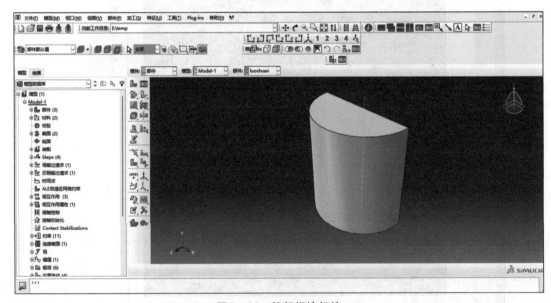

图 3–35 轮毂螺栓部件

## 3.3 设置材料

(1) 进入属性模块:在"模块"下拉列表框中选择"属性"命令便可进入属性模块,如图 3–36 所示。

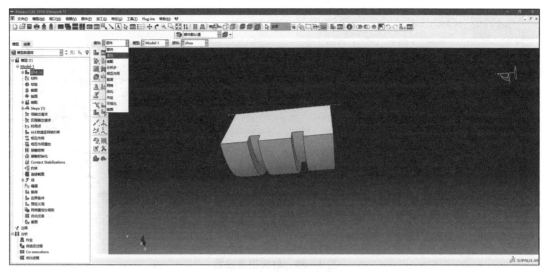

图 3-36 属性模块

(2)选在"创建材料"中的"通用"中选择"密度",如图 3-37 所示。

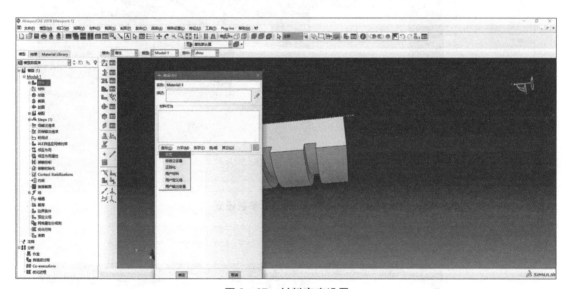

图 3-37 材料密度设置

(3)修改材料名称,设置"质量密度"为"7.1e-9",如图 3-38 所示。
(4)单击"力学",选择"弹性",如图 3-39 所示。
(5)输入"弹性模量"与"泊松比",分别为"1.69e"和"0.275",如图 3-40 所示。

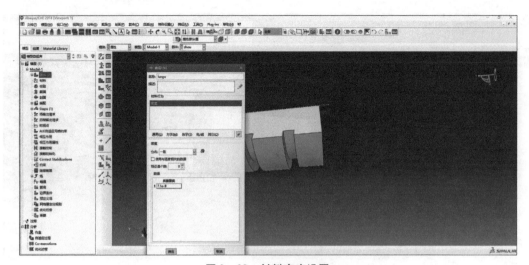

图 3-38　材料密度设置

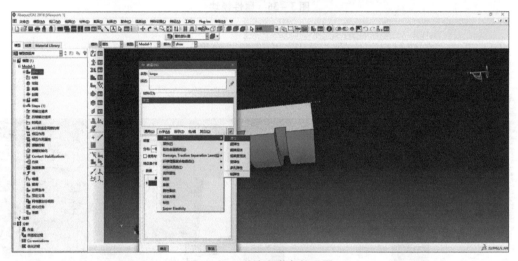

图 3-39　弹性力学参数设置

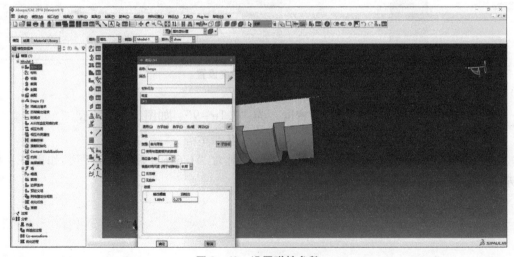

图 3-40　设置弹性参数

（6）创建轴段的材料属性，编辑轴材料，创建轴的截面。轴部件指派材料如图3-41所示。

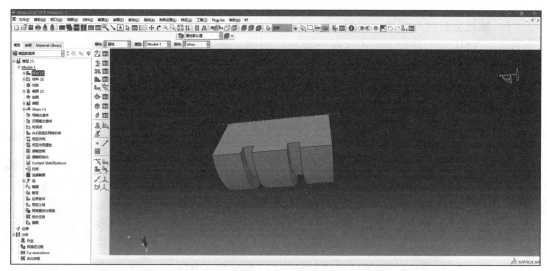

图3-41 轴部件指派材料

（7）接下来，用同样的方法创建螺栓的材料属性，设定螺栓材料的密度。螺栓部件材料指派完成如图3-42所示。

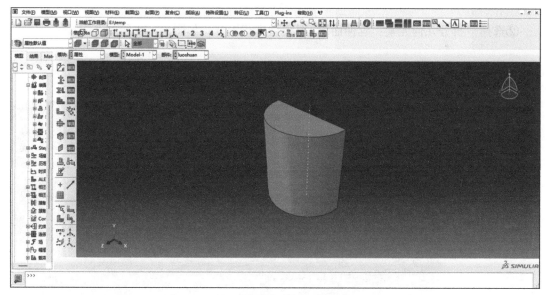

图3-42 螺栓部件材料指派完成

## 3.4 划分网格

（1）轴段划分网格模块。

①在"模块"下拉列表框中选择"网格"命令，进入网格模块，如图 3-43 所示。

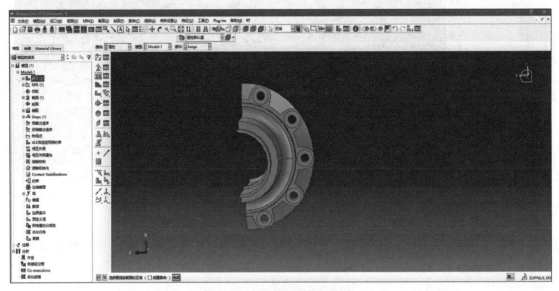

图 3-43 轮毂材料指派完成

②选择"拆分几何元素：延伸面"。对模型进行拆分，如图 3-44 所示。

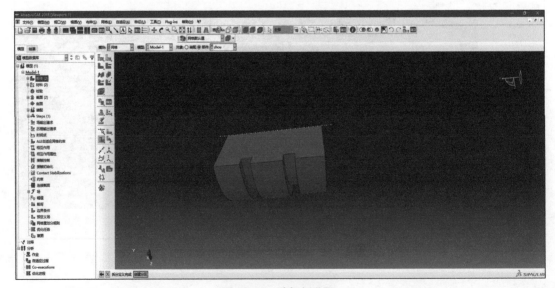

图 3-44 选择拆分面

③选择图 3-45 所示的曲面，单击"创建分区"。

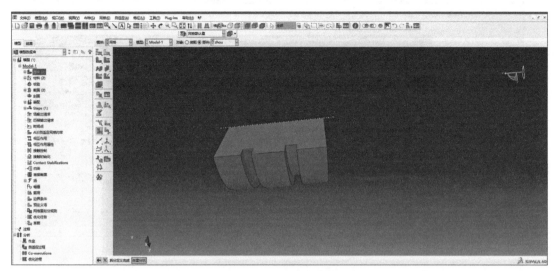

图 3-45 选择拆分面

④分割轴段后的效果如图 3-46 所示。

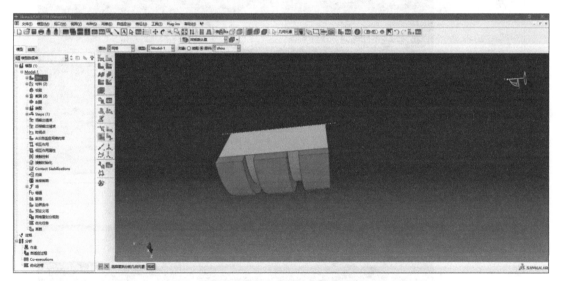

图 3-46 分割轴段后的效果

⑤重复"拆分几何元素:延伸面"命令,轴段模型拆分完成,如图 3-47 所示。

(2)轮毂划分网格模块。

①选择"部件"下拉框中选择轮毂部件,如图 3-48 所示。

②单击"种子部件"按钮后便会弹出"全局种子"对话框,将"近似全局尺寸"设置为"5"。单击"应用"按钮,如图 3-49 所示。

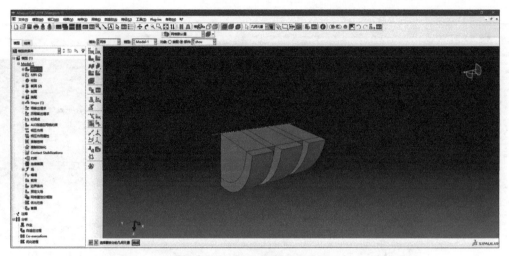

图 3-47 轴段模型分割完成

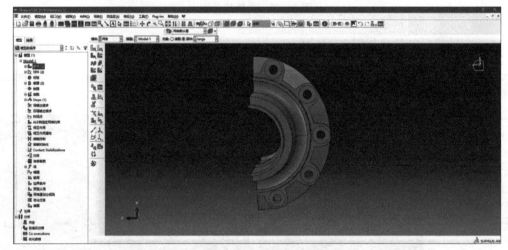

图 3-48 轮毂模型

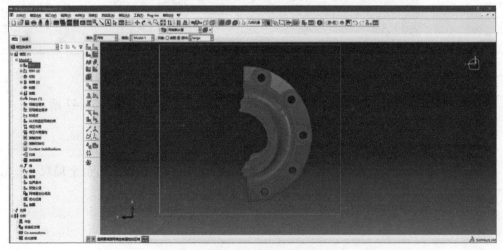

图 3-49 模型指派网格类型

③单击"为边布种"按钮,依次选择5个螺栓孔区域,单击"完成"按钮后,弹出"局部种子"对话框,将"近似单元尺寸"设置为"4",单击"应用"按钮,如图3-50所示。

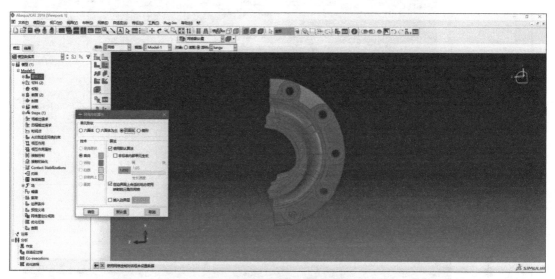

图3-50 控制局部网格数量

④用同样的方法修改加强筋板的网格数量,如图3-51所示。

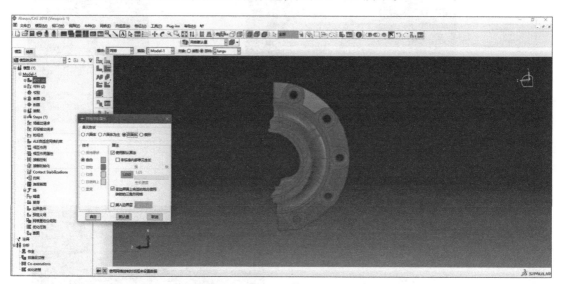

图3-51 控制加强筋板的网格数量

⑤选择"为部件划分网格"命令,单击"是"按钮,效果如图3-52所示。

⑥单击"指派单元类型"按钮,选择轮毂模型,单击"完成"按钮,完成后的效果如图3-53所示。

⑦在弹出的"单元类型"对话框中的"几何阶次"选项区域选中"二次"单选按钮,勾选"改进的公式"复选框,单击"确定"按钮,如图3-54所示。

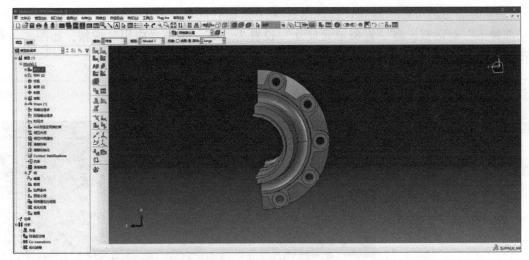

图 3-52　划分网格效果

图 3-53　指派单元类型

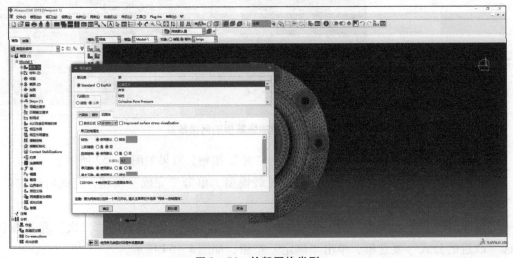

图 3-54　轮毂网格类型

(3) 为螺栓划分网格模块。

①继续为螺栓划分网格：单击"种子部件"按钮，弹出"全局种子"对话框，将"近似全局尺寸"设置为"2.5"，单击"应用"按钮（图3-55），选择"为部件划分网格"命令，单击"是"按钮。

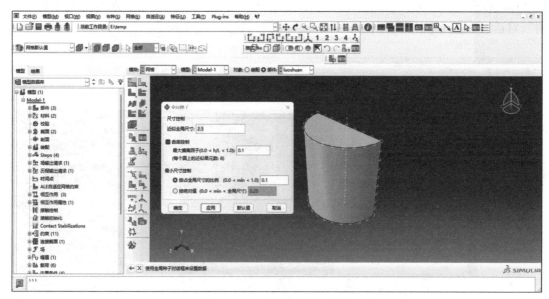

图3-55 "全局种子"对话框

②为螺栓划分网格后的样子如图3-56所示。

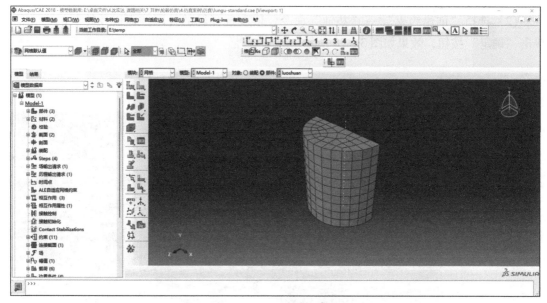

图3-56 为螺栓划分网格

## 3.5 装　　配

(1) 选择"模块"→"装配"→"创建实例"命令后，在弹出的"创建实例"对话框中选择轮毂模型，单击"应用"按钮。再次选择"创建实例"命令，在弹出的"创建实例"对话框中选择轮毂模型，单击"应用"按钮，如图3–57所示。

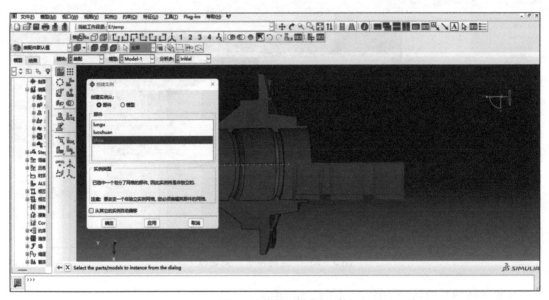

图3–57　导入轴部件

(2) 选择"创建约束"→"共轴"命令，依次选择轴的外圆柱面以及轮毂的内孔面，单击"确定"按钮，效果如图3–58所示。

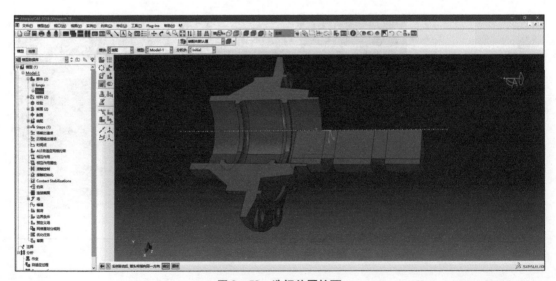

图3–58　选择外圆柱面

①选择"创建约束"→"共面"命令,选择轴的外端面与轮毂端面,单击"确定"按钮,效果如图 3-59 所示。

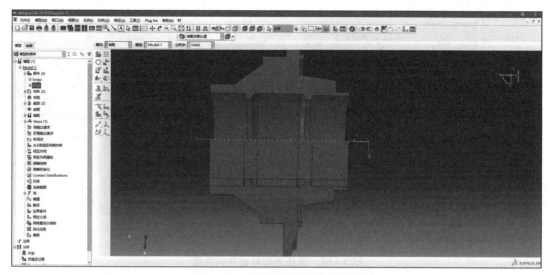

图 3-59 选择外端面与轮毂端面

②单击"创建实例"按钮,在弹出的"创建实例"对话框中选择螺栓模型,单击"应用"按钮导入螺栓部件,如图 3-60 所示。

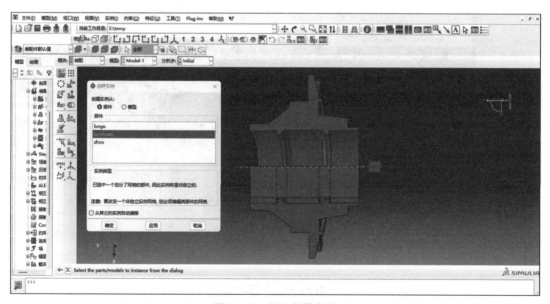

图 3-60 导入螺栓部件

(3)选择"创建约束"→"共轴"命令,依次选择轴的外圆柱面与轮毂的内孔面,单击"确定"按钮,如图 3-61 所示。

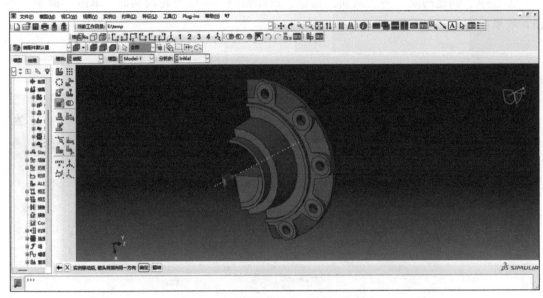

图3-61 选择外圆柱面与内孔面

(4) 选择"共面"命令,依次选择螺栓的端面与轮毂法兰端面,单击"确定"按钮,将距离设置为"0"并确定,如图3-62所示。

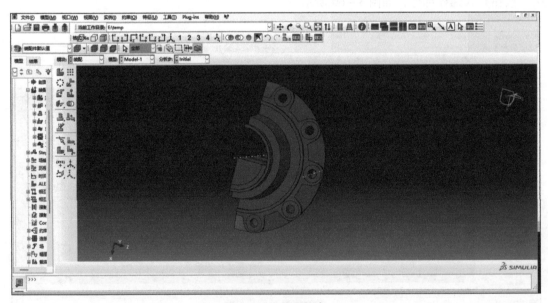

图3-62 共面约束

①选择"面平行约束"命令,调整螺栓角度,依次选择螺栓面与轴面,将距离设置为"0",单击"√"图标,如图3-63所示。

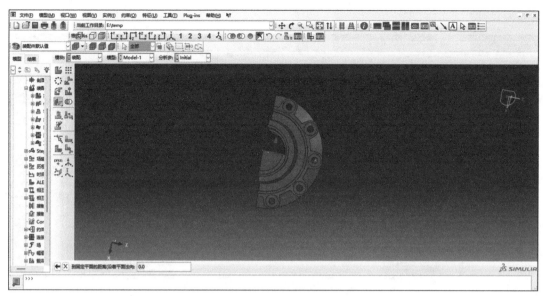

图 3-63 设置距离

②至此，装配完成，如图 3-64 所示。

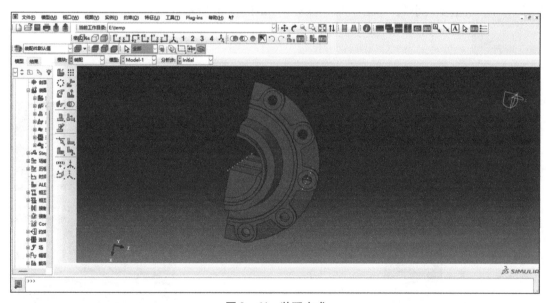

图 3-64 装配完成

## 3.6 创建分析步

(1) 在"模型"下拉列表框中选择"分析步"命令，弹出"编辑分析步"对话框，类型为"静力，通用"，单击"√"图标，如图 3-65 所示。

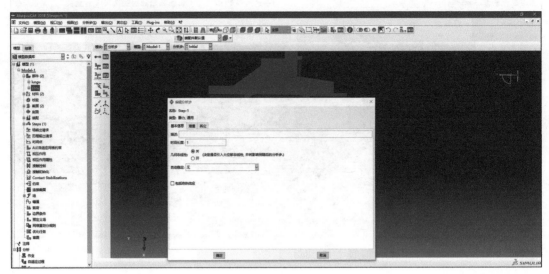

图 3-65　编辑分析步对话框

（2）单击"增量"按钮，在"编辑分析步"对话框中按图 3-66 中的修改"最大增量步数"与"增量步大小"，单击"√"图标，如图 3-66 所示。

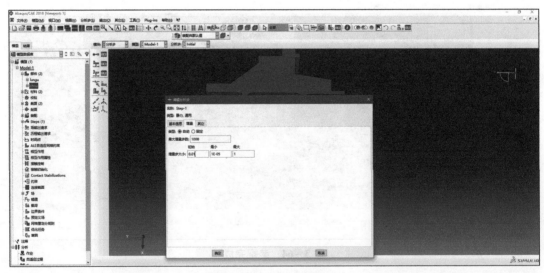

图 3-66　分析步修改

（3）接下来，用同样的方法创建两个分析步，如图 3-67 所示。

3 轮毂有限元仿真

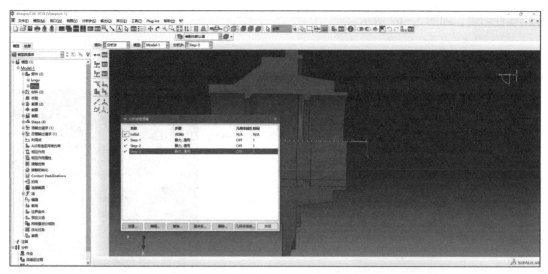

图 3-67　分析步创建完成

## 3.7　创建相互作用

（1）创建接触属性。

①选择"模块"→"相互作用"→"相互作用属性管理器"→"创建"命令，在弹出的"创建相互作用属性对话框"的"类型"选项区域选择"接触"命令，单击"继续"按钮，如图 3-68 所示。

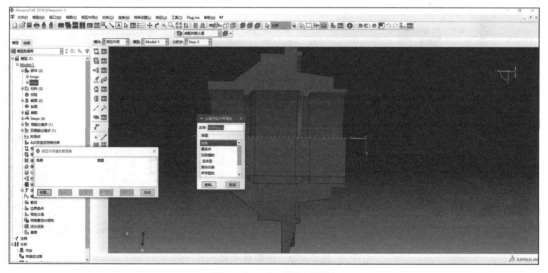

图 3-68　创建接触属性

②在弹出的"编辑接触属性"对话框中选择"力学"，在下拉栏中选择"切向行为"。接下来，再次选择"力学"，在下拉栏中选择"法相行为"。单击"确定"按钮，完成相互

作用属性创建,如图 3-69 所示。

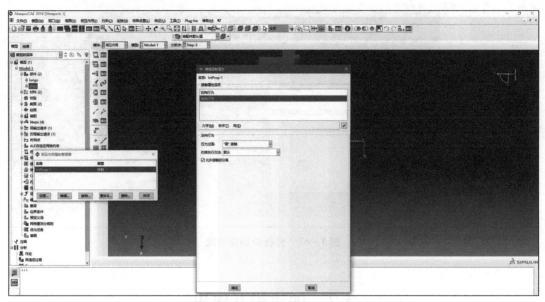

图 3-69 相互作用属性创建完成

(2) 进行螺栓相互作用的创建。

①单击"创建参考点"按钮,选择螺栓接触面(阶梯面的圆心),用同样的方法对该螺栓另一面创建参考点,如图 3-70 所示。

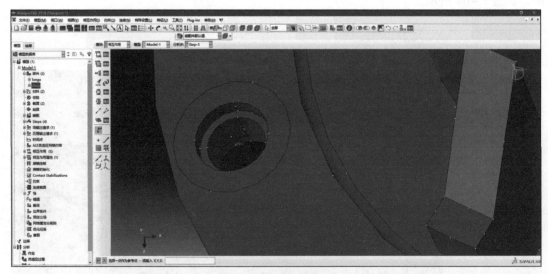

图 3-70 创建参考点

②选择"创建线条特征"→"添加"命令,依次选择在前面步骤中创建的两个参考点,单击"完成"按钮,如图 3-71 所示。

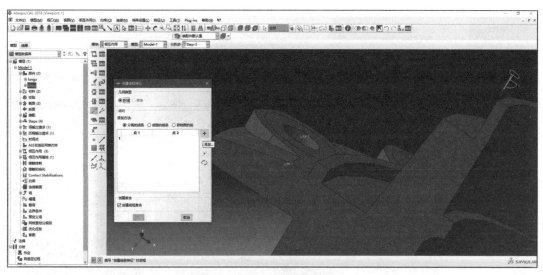

图 3-71 创建线条特征

③选择"创建连接截面"→"转换器"→"继续"命令,弹出"编辑连接截面"对话框,单击"√"图标,如图 3-72 所示。

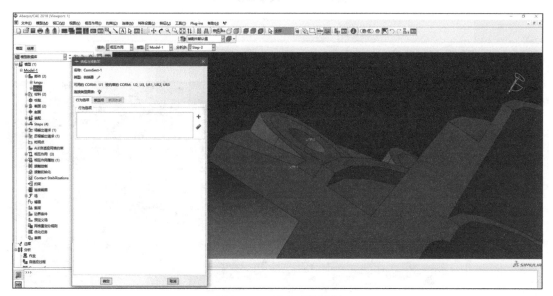

图 3-72 创建连接截面

④单击"创建连接指派"按钮选择线条,单击"完成"按钮,如图 3-73 所示。

⑤选择"方向 1"→"创建基准坐标系"→"继续"命令,选择 RP-2 为原点,RP-1 为 $X$ 轴上一点;选择 RP-2 点所在圆周上的任一点为 $X$-$Y$ 平面上的一点,单击"取消"按钮便可退出,如图 3-74 ~ 图 3-76 所示。

⑥单击"创建基准坐标系"左侧的箭头按钮,选择刚创建的坐标系,单击"√"图标,如图 3-77 所示。

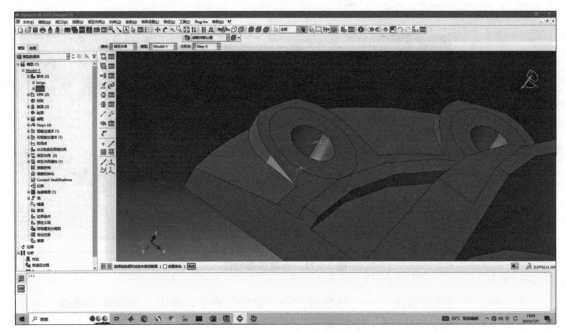

图 3-73　为线条指派连接

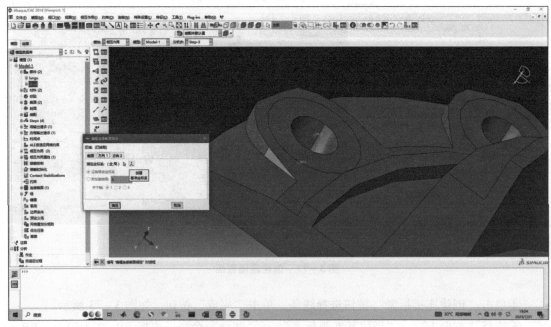

图 3-74　创建基准坐标系（1）

3 轮毂有限元仿真

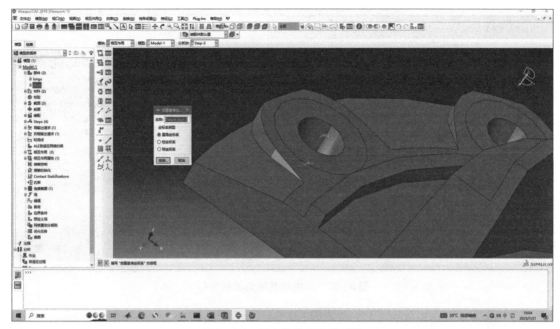

图 3-75 创建基准坐标系（2）

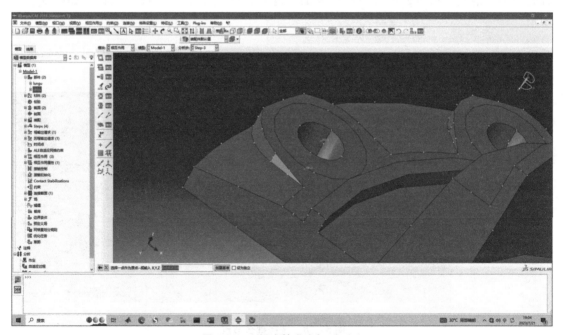

图 3-76 创建基准坐标系（3）

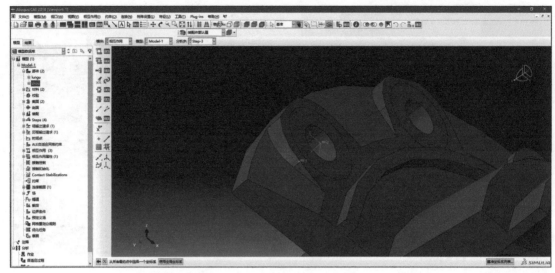

图 3-77　创建基准坐标系（4）

（3）轴耦合面的创建。

①先选择"创建参考点"→选择轴平面中心处一点创建参考点→"创建约束"→"耦合的"→"继续"命令，再选择刚创建的参考点，然后单击"完成"按钮，如图 3-78 所示。

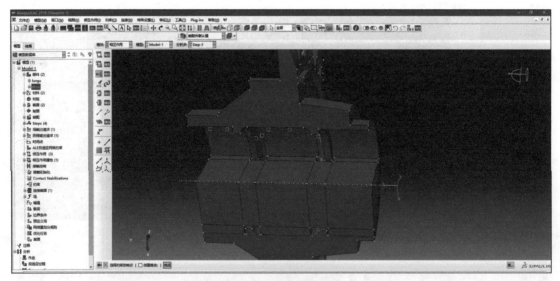

图 3-78　选择耦合节点

②选择"表面"，在"逐个"下拉列表中选择"按角度"选择图示表面，单击"完成"按钮。如图 3-79 所示。

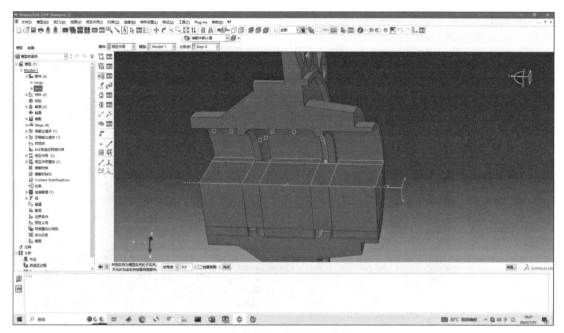

图 3-79 耦合设置

③在弹出的对话框中选择"运动"并勾选所有自由度,单击"确定"按钮,如图 3-80 所示。

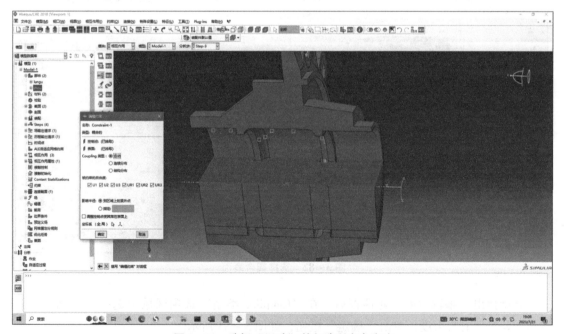

图 3-80 选择"运动"并勾选所有自由度

(4)预紧螺栓耦合面的创建。

①用同样的方法创建轮毂与螺栓接触面区域的耦合约束,约束点选择与螺栓接触的圆面

中心参考点,单击"完成"按钮,如图3-81所示。

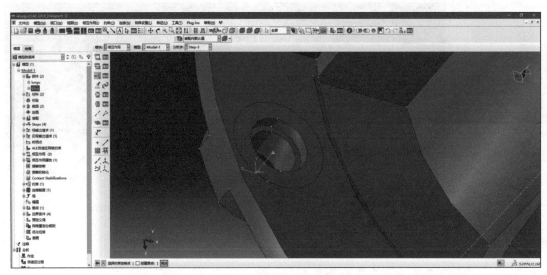

图3-81 耦合约束点选择

②按图3-82所示的选择耦合表面,单击"完成"按钮,如图3-83所示。

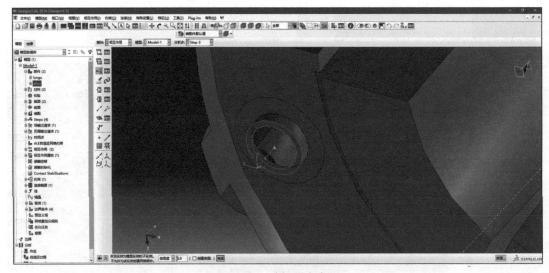

图3-82 选择耦合表面

③待弹出"编辑约束"对话框后,在"Conpling类型"选项区域中选中"运动"单选按钮,勾选所有自由度,单击"确定"按钮,如图3-83所示。

④完成一侧参考点与圆环面的耦合设置,如图3-84所示。

⑤重复上述操作,对其余4个螺栓接触面进行耦合,如图3-85所示。

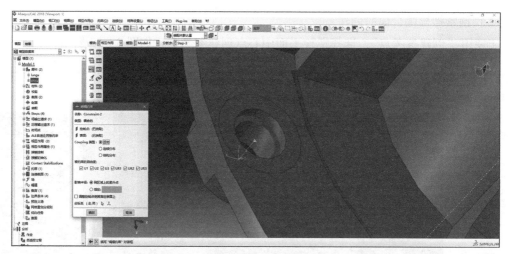

图 3-83　耦合设置

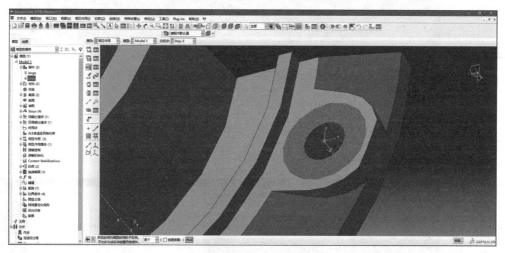

图 3-84　另一面耦合设置

图 3-85　对其余 4 个螺栓接触面进行耦合

(5) 预紧螺栓耦合面的创建。

①使用"创建参考点",选择螺栓平面中心点创建参考点,如图 3-83 所示。

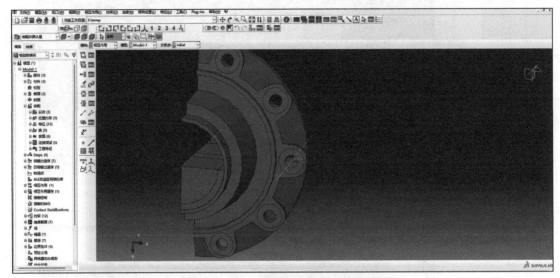

图 3-86 创建螺栓面的参考点

②将参考点与螺栓面耦合,为扭矩载荷施加做好准备,如图 3-87 所示。

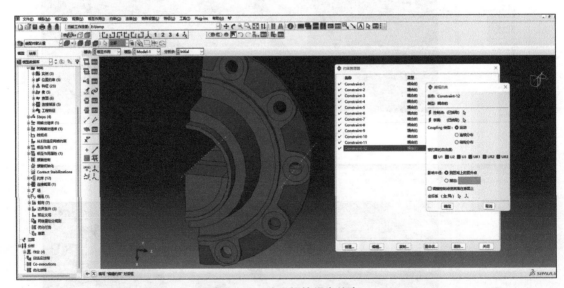

图 3-87 建立螺栓耦合约束

(6) 接触的创建。

①在"创建相互作用"对话框中选择初始分析步→通用接触命令,如图 3-88 所示。

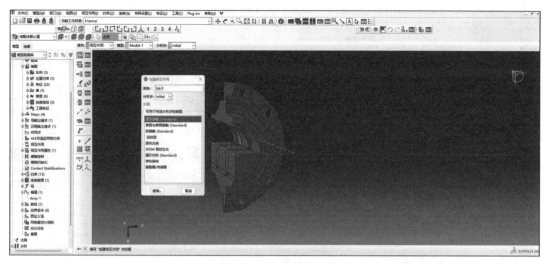

图 3-88　建立通用接触

②选择创建好的接触属性,如图 3-89 所示,在"编辑相互作用"对话框中单击"确定"按钮,完成接触关系创建。

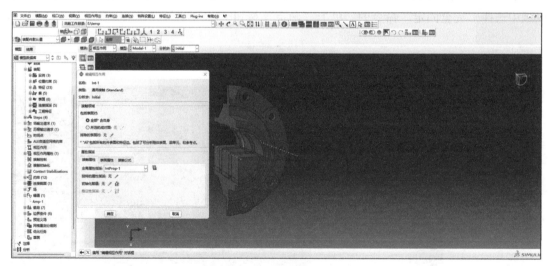

图 3-89　完成接触关系创建

## 3.8　载荷设置

(1) 创建对称边界载荷:选择"模块"→"载荷"→"创建边界条件"命令,在"坐标系:(全局)"选项卡下勾选 U3 复选框并单击"确定"按钮,如图 3-90 所示。

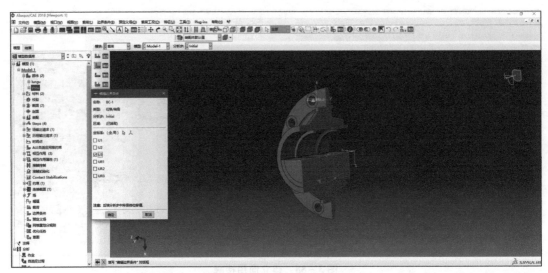

图 3-90 对称面边界条件

（2）创建与轮胎接触面的边界条件：选择"创建"→"对称/反对称/完全固定"→"继续"命令，选择图 3-91 所示平面，单击"完成"按钮，在"坐标系：（全局）"选项区域中选择"完全固定"命令的，单击"确定"按钮。

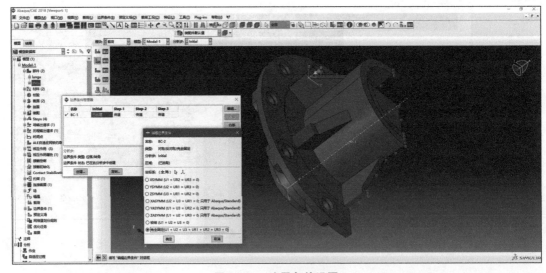

图 3-91 边界条件设置

（3）创建轴的边界条件。

①选择"创建"→"位移/转角"→"继续"命令，选择轴面上创建的参考点，在"坐标系：（全局）"选项区域中勾选 U2、UR2、UR3，单击"确定"按钮，如图 3-92 所示。

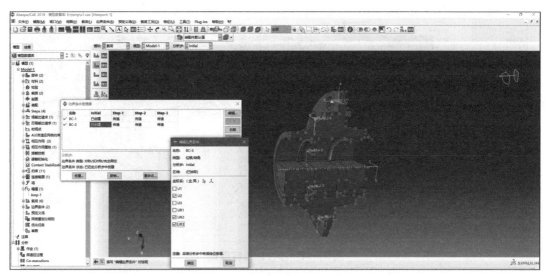

图 3-92 约束轴自由度

②选择"创建"→"分析步"命令,选择 Step-1→"位移/转角"→"继续"命令,在"坐标系:(全局)"选项区域勾选 U1 复选框并输入 0.0001,单击"确定"按钮,如图 3-93 所示。

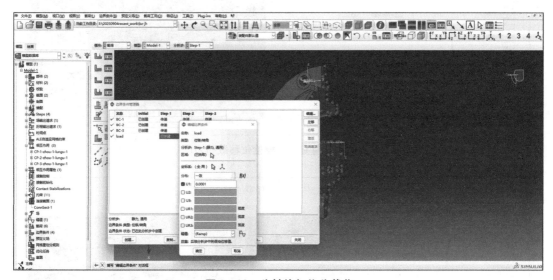

图 3-93 为轴施加位移载荷

③将鼠标定位至 load 边界条件的 Step-2 分析步,单击"取消激活"按钮,如图 3-94 所示。

(4) 用同样的方法为螺栓创建约束。

①重复上述轴位移载荷步骤,如图 3-95 所示。

②修改边界条件的区域为螺栓面参考点,然后单击"关闭"按钮,如图 3-96 所示。

087

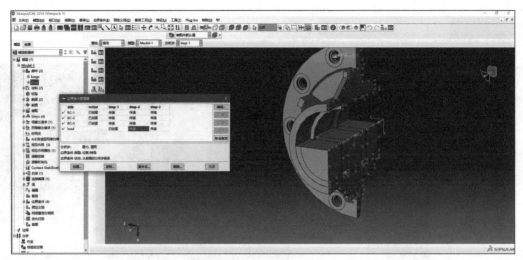

图 3-94　修改轴位移载荷

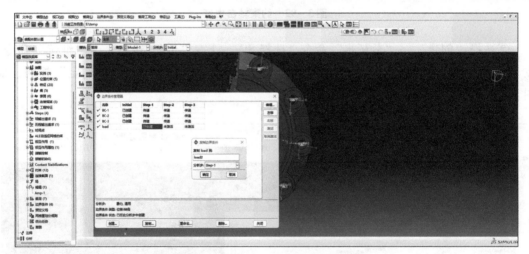

图 3-95　重复上述螺栓位移载荷步骤

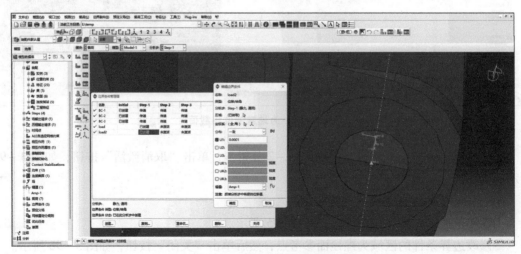

图 3-96　修改边界条件区域

③用同样的方法创建边界条件限制螺栓位移，复制轴的位移约束 BC-3，如图 3-97 所示。

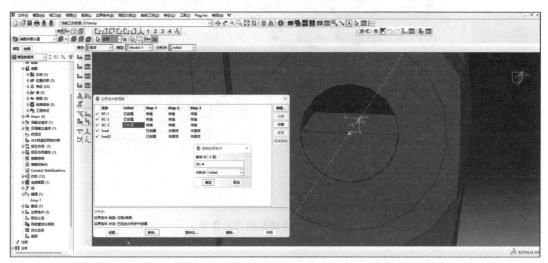

图 3-97　复制轴的位移约束

④修改约束区域为螺栓参考点，如图 3-98 所示。

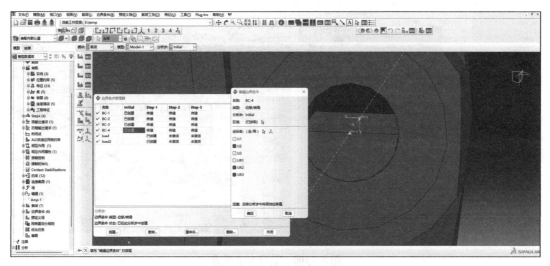

图 3-98　修改约束区域

(5) 螺栓预紧力载荷创建。

①单击"创建载荷"按钮后，弹出"创建载荷"对话框，在"分析步"下拉列表框中选择"Step-2"命令，在"可用于所选分析步的类型"选项区域中选择"连接作用力"命令单击"继续"按钮，如图 3-99 所示。

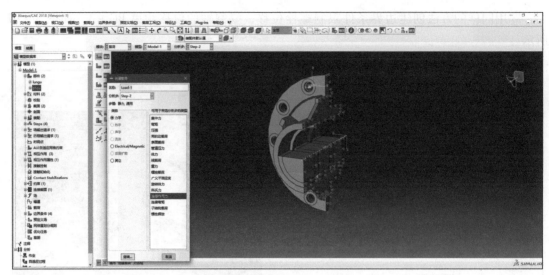

图 3-99 "连接作用力"命令

②在"编辑载荷"对话框的 F1 文本框中输入"-10",单击"确定"按钮,如图 3-100 所示。

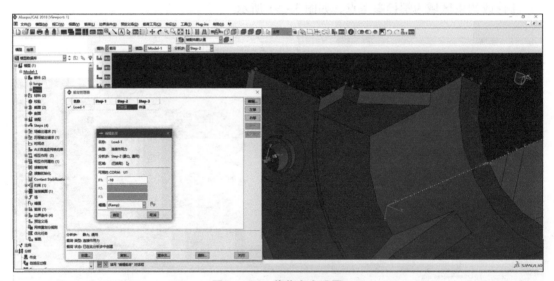

图 3-100 载荷大小设置

③将鼠标定位到 Step-3,双击修改载荷 F1 为"-25000",单击"确定"按钮。此时,单个螺栓载荷便创建完成,如图 3-101 所示。

④用同样的方法为其他几个螺栓孔处线条创建螺栓载荷,如图 3-102 所示。

(6) 为轴创建载荷。

①单击"创建载荷"按钮后,弹出"创建载荷"对话框,在"分析步"下拉列表中选择"Step-2"命令,在"可用于所选分析步的类型"选项区域中选择"集中力"命令,单击"继续"按钮(图 3-103),选择轴上创建的参考点,然后单击"完成"按钮。

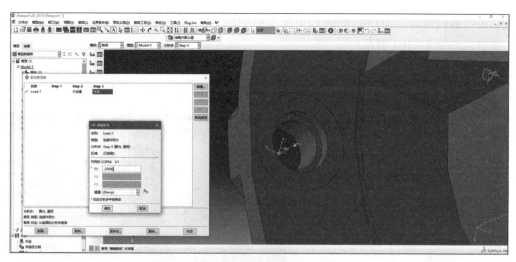

图 3-101 单个螺栓载荷修改

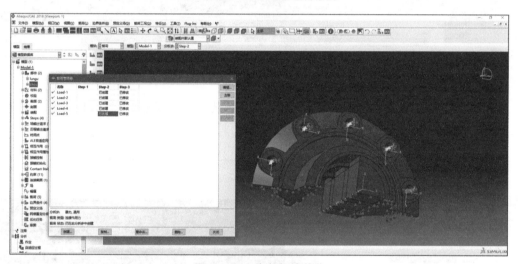

图 3-102 全部螺栓载荷

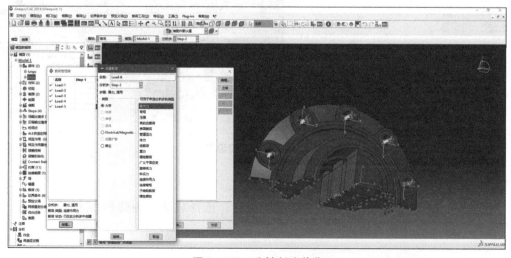

图 3-103 为轴创建载荷

②在"编辑载荷"对话框中的 CF1 文本框中输入"10",使载荷方向向下,单击"确定"按钮,如图 3-104 所示。

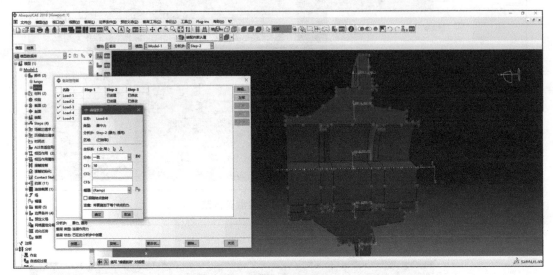

图 3-104 载荷设置

③鼠标定位到 Load-6 的 Step-3,在"编辑载荷"对话框中的 CF1 文本框中输入"22 500",单击"确定"按钮,如图 3-105 所示。

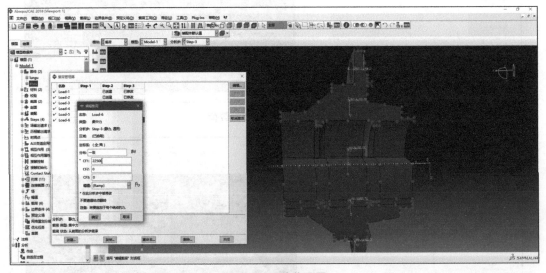

图 3-105 载荷设置

(7) 创建螺栓处的集中力模拟轮毂受到的扭矩。

①选择"集中力"命令,单击"继续"按钮;选择载荷点为螺栓参考点,单击"完成"按钮,如图 3-106 所示。

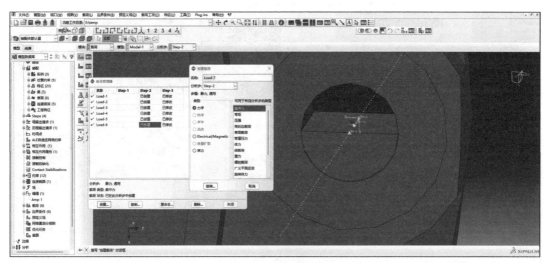

图 3-106　创建集中力

②设置力的大小与幅值,单击"确定"按钮,完成载荷创建,如图 3-107 所示。

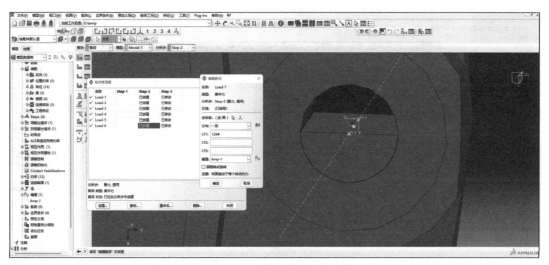

图 3-107　设置力的大小与幅值

## 3.9　作业提交

(1) 选择"模块"→"作业"→"创建作业"命令后,在弹出的"作业管理器"对话框中选择 Model-1,单击"提交"按钮,如图 3-108 所示。

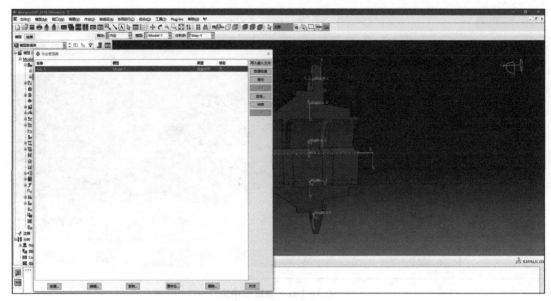

图 3-108　提交作业

（2）接下来，便可开始计算，如图 3-109 所示。

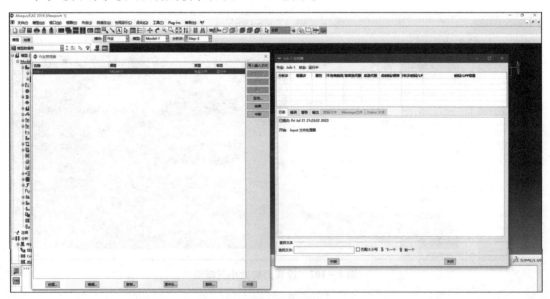

图 3-109　开始计算

## 3.10　后　处　理

（1）待模型计算完成后，选择"作业管理器界面"→"结果"命令，如图 3-110 所示。

（2）先单击"替换选中"按钮，选择轮毂模型，再单击"完成"按钮，单独显示轮毂模型的应力，如图 3-111 所示。

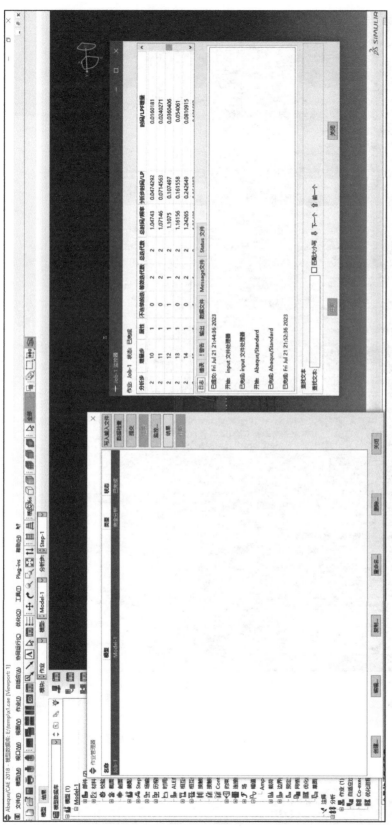

图 3-110 查看结果

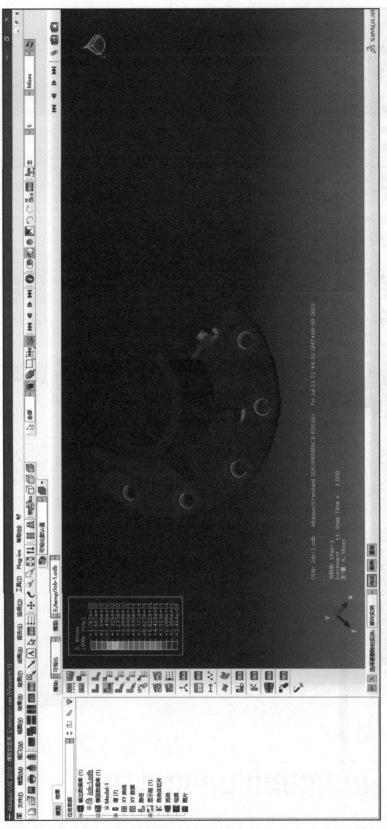

图 3-111 轮毂模型的应力

## 3.11 仿真结果数据

仿真结果数据如下。

材料：QT450；抗拉极限：450 MPa；安全系数：2.647；许用应力：170 MPa。

轮毂受到车轴的作用力为 45 kN，施加在轮毂与后桥相接面的压强为 0.73 MPa，得出螺栓的预紧力为 25 kN，施加在轮毂法兰盘螺栓孔上。轮毂受到的扭矩为 1 100 N·m，单个螺孔受到的力为 $(1\,100/10)/(170 \times 10^{-3}) = 647$ N。

对轮毂受力进行有限元仿真，设置轮毂边界条件为轮毂下侧加强筋侧面完全固定约束，表示轮毂受轮胎支撑，轮毂各螺栓受到的预紧力为 25 kN，同时轮毂受到车轴向下作用力为 45 kN，由于采用对称结构建模，车轴对轮毂的下压作用力设置为 22.75 kN，轮毂受到的扭矩为 1 100 N·m，设置对称模型中间孔位的螺栓受到向下力为 1 294 N，模拟半个轮毂受到的扭矩。

根据加强筋厚度范围为 18.75 ~ 21.25 mm，法兰盘厚度范围为 12 ~ 23 mm 来更改加强筋厚度与法兰盘厚度，进行轮毂受力仿真并获取轮毂最大应力与当前质量，实验数据如表 3 - 1 所示。

表 3 - 1　不同设计尺寸下的轮毂最大应力与质量

| 序号 | 加强筋厚度/(h·mm⁻¹) | 法兰盘厚度/(d·mm⁻¹) | 最大应力/MPa | 质量/kg |
| --- | --- | --- | --- | --- |
| 1 | 18.75 | 12 | 180.405 | 25.1 |
| 2 | 18.75 | 14 | 177.089 | 26.0 |
| 3 | 18.75 | 16 | 174.842 | 27.2 |
| 4 | 18.75 | 18 | 171.922 | 28.3 |
| 5 | 18.75 | 20 | 169.217 | 29.4 |
| 6 | 18.75 | 22 | 166.715 | 30.6 |
| 7 | 19.25 | 12.5 | 178.717 | 25.8 |
| 8 | 19.25 | 14.5 | 175.620 | 27.1 |
| 9 | 19.25 | 16.5 | 172.965 | 28.0 |
| 10 | 19.25 | 18.5 | 168.482 | 29.8 |
| 11 | 19.25 | 20.5 | 166.974 | 30.7 |
| 12 | 19.25 | 23 | 163.997 | 31.7 |
| 13 | 19.75 | 12 | 175.869 | 26.3 |
| 14 | 19.75 | 13 | 172.503 | 26.9 |
| 15 | 19.75 | 15 | 170.207 | 28.0 |
| 16 | 19.75 | 17 | 167.926 | 29.1 |

续表

| 序号 | 加强筋厚度/(h·mm$^{-1}$) | 法兰盘厚度/(d·mm$^{-1}$) | 最大应力/MPa | 质量/kg |
|---|---|---|---|---|
| 17 | 19.75 | 19 | 164.062 | 30.3 |
| 18 | 19.75 | 21 | 162.566 | 31.4 |
| 19 | 20.5 | 12 | 171.757 | 26.8 |
| 20 | 20.5 | 14 | 168.505 | 27.7 |
| 21 | 20.5 | 16 | 166.242 | 29.0 |
| 22 | 20.5 | 18 | 164.374 | 30.1 |
| 23 | 20.5 | 20 | 162.433 | 31.3 |
| 24 | 20.5 | 22 | 159.251 | 32.4 |
| 25 | 21.25 | 12.5 | 169.847 | 27.8 |
| 26 | 21.25 | 14.5 | 166.108 | 28.9 |
| 27 | 21.25 | 16.5 | 162.559 | 30.1 |
| 28 | 21.25 | 18.5 | 159.617 | 31.2 |
| 29 | 21.25 | 20.5 | 156.106 | 32.3 |
| 30 | 21.25 | 23 | 153.284 | 33.4 |

# 4 轮毂参数优化

## 4.1 优化问题建模

轮毂采用的材料为 QT450，经查阅资料得材料的抗拉极限 $R_m = 450$ MPa。因此，在设计过程中要求的安全系数 $\eta = 2.647$，轮毂的许可应力 $f_{max}$ 可由式（4-1）求得。

$$f_{max} = \frac{R_m}{\eta} \approx 170 \text{ MPa} \tag{4-1}$$

由之前的建模与仿真过程，已经得到了不同的加强筋厚度 $h$ 与法兰厚度 $d$ 所对应轮毂质量 $m$ 和轮毂受到的最大应力 $f$。优化的目标是使 $f$ 不超过许可应力 $f_{max} = 170$ MPa 的同时，$m$ 应尽量小，因此优化问题可以表示成式（4-2）所示的最小化问题。

$$\min_{d,h} Z^2 \tag{4-2}$$

函数 $Z$ 中应至少包含 $m$ 和 $f$ 两项。通过分析仿真数据可知，$m$ 和 $f$ 成反比关系，即 $m$ 越小，$f$ 越大。为了使 $m$ 减小，$f$ 应该增大，而目标函数执行最小化任务，所以应在 $f$ 项增添一个负号，即含 $m$ 和 $f$ 的项其系数应为一正一负。又考虑到 $f$ 不应超过许可应力 $f_{max} = 170$ MPa，因此应该添加一个补偿项 $\max(0, f - f_{max})$，补偿项为式（4-3）所示的分段函数。

$$\max(0, f - f_{max}) = \begin{cases} 0, & f < f_{max} \\ f - f_{max}, & f \geq f_{max} \end{cases} \tag{4-3}$$

当 $f < f_{max}$ 时，此项对目标函数无影响，当 $f > f_{max}$ 时，该项应使目标函数增大。

综合上述分析，目标函数 $Z^2$ 中的 $Z$ 函数可设计为式（4-4）的形式。

$$Z = Z(d, h) = \alpha m - \beta f + \gamma \max(0, f - f_{max}) \tag{4-4}$$

其中，$\alpha$、$\beta$ 和 $\gamma$ 为对应项的权重，$m$ 和 $f$ 为由仿真数据拟合出的关于 $d$、$f$ 的多项式函数，如式（4-5）、式（4-6）所示。

$$m = m(d, h) = a_0 + a_{10}d + a_{01}h + a_{20}d^2 + a_{11}dh + a_{02}h^2 + \cdots \tag{4-5}$$

$$f = f(d, h) = b_0 + b_{10}d + b_{01}h + b_{20}d^2 + b_{11}dh + b_{02}h^2 + \cdots \tag{4-6}$$

在接下来的优化过程中，应先从原始数据表格中读取数据，再根据不同的加强筋厚度 $h$ 与法兰厚度 $d$ 对应轮毂质量 $m$ 和轮毂受到的最大应力 $f$，拟合 $m$ 关于 $d$、$h$ 的函数 $m(d, h)$ 以及 $f$ 关于 $d$、$h$ 的函数 $f(d, h)$，然后进行目标函数的优化，从而求出优化变量 $d$、$h$ 的全局最优值。

## 4.2 仿真数据读取

(1) 启动 MATLAB R2022b 软件。

单击"开始"按钮后,在"开始"菜单中单击"MATLAB R2022b"来启动程序。

(2) 建立数据读取脚本文件。

选择"新建"→"脚本"命令,如图 4-1 所示,进入脚本编辑器。

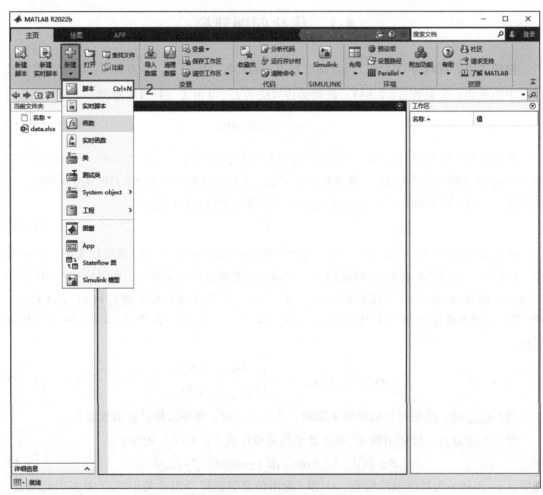

图 4-1 新建脚本文件

(3) 读取仿真数据。

①在脚本编辑器中输入如下代码。

```
clear;clc;
% 仿真数据文件路径
```

```
data_path = './data.xlsx';
[data] = readmatrix(data_path);
% data 矩阵第一列为 h,第二列为 d,第三列为最大 f,第四列为 m

h = data(:,1);
d = data(:,2);
f_max = data(:,3);
m = data(:,4);
```

②单击保存,弹出"选择要另存的文件"对话框,在"文件名"文本框中输入文件名,单击"保存"按钮(图 4-2)来保存仿真数据读取脚本。

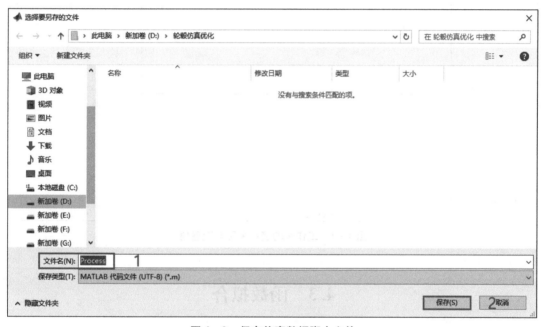

图 4-2 保存仿真数据脚本文件

③保存文件后,在 MATLAB 界面上方单击"运行"按钮,待运行后,工作区会出现图 4-3 所示的变量名称与变量值,这表示数据已经读取完成。

图 4-3　工作区的变量名称与变量值

## 4.3　函数拟合

（1）进入"曲线拟合器"。

选择 App→"曲线拟合器"命令，如图 4-4 所示，进入函数拟合器界面。

（2）拟合函数 $m(d, h)$。

①在"曲线拟合器"界面中，单击"多项式"按钮，单击"选择数据"按钮，如图 4-5 所示。

②在弹出的"选择拟合数据"对话框中的"X 数据"下拉列表中选择"d"，在"Y 数据"下拉列表中选择"h"，在"Z 数据"下拉列表中框选择"m"，然后单击"关闭"按钮，便可完成数据的选择，如图 4-6 所示。

图 4-4　函数拟合器界面

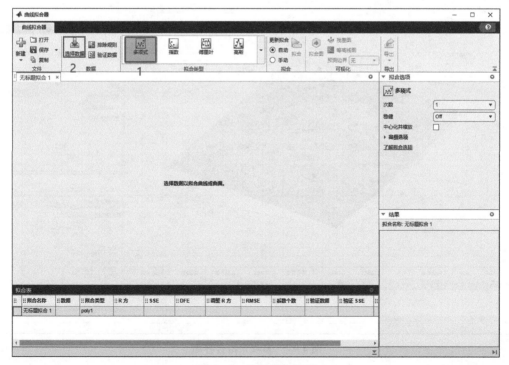

图 4-5　确定拟合类型

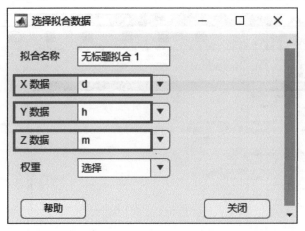

图 4-6　选择拟合数据

③完成数据选择后,在"拟合类型"选项栏单击"多项式"按钮,进入图 4-7 所示的多项式拟合界面。

注:"曲线拟合器"窗口右侧的"拟合选项"对话框可以选择"X 次数"和"Y 次数"。在"结果"对话框中可以查看拟合的线性模型和对应的系数,并显示此次拟合的"拟合优度"。

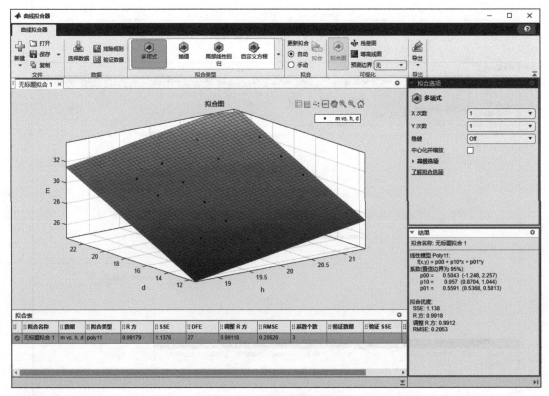

图 4-7　多项式拟合界面

④依次将（X次数，Y次数）设置为（1，1）、（1，2）、（1，3）、（2，1）、（2，2）、（2，3）、（3，1）、（3，2）和（3，3）进行多项式拟合，并记录每次拟合的系数及拟合优度，其中拟合的系数如表4-1所示，拟合优度如表4-2。

**表4-1 拟合的系数**

| 拟合次数 | | 拟合多项式系数 | | | | | | | | | |
|---|---|---|---|---|---|---|---|---|---|---|---|
| $d$ | $h$ | $a_0$ | $a_{10}$ | $a_{01}$ | $a_{20}$ | $a_{11}$ | $a_{02}$ | $a_{30}$ | $a_{21}$ | $a_{12}$ | $a_{03}$ |
| 1 | 1 | 0.50 | 0.56 | 0.96 | | | | | | | |
| 1 | 2 | -64.79 | 0.68 | 7.39 | | -0.006 | -0.16 | | | | |
| 1 | 3 | -1 763 | -4.95 | 267.6 | | 0.5 583 | -13.43 | | | -0.0141 | 0.225 4 |
| 2 | 1 | -2.82 | 0.81 | 1.08 | -0.003 | -0.007 | | | | | |
| 2 | 2 | -64.96 | 0.77 | 7.335 | -0.003 | -0.005 | -0.16 | | | | |
| 2 | 3 | -1 785 | -4.70 | 270.7 | 0.03 | 0.49 | -13.56 | | -0.002 | -0.01 | 0.226 6 |
| 3 | 1 | 15.83 | -2.07 | 0.68 | 0.14 | 0.04 | | -0.002 | -0.001 | | |
| 3 | 2 | 9.30 | -4.94 | 1.13 | 1.2 | 0.36 | -0.009 | -0.002 | -0.001 | -0.008 | |
| 3 | 3 | -1 970 | -5.73 | 299.6 | 0.13 | 0.41 | -14.98 | -0.002 4 | -0.007 | -0.009 8 | 0.250 1 |

**表4-2 拟合优度**

| 拟合次数 | | 拟合优度 | | | |
|---|---|---|---|---|---|
| $d$ | $h$ | SSE | $R^2$ | 调整$R^2$ | RMSE |
| 1 | 1 | 1.138 | 0.991 8 | 0.991 2 | 0.205 3 |
| 1 | 2 | 0.813 2 | 0.994 1 | 0.993 2 | 0.180 4 |
| 1 | 3 | 0.528 9 | 0.996 2 | 0.995 7 | 0.142 6 |
| 2 | 1 | 1.087 | 0.992 2 | 0.990 9 | 0.208 5 |
| 2 | 2 | 0.784 5 | 0.994 3 | 0.993 2 | 0.180 8 |
| 2 | 3 | 0.495 5 | 0.996 4 | 0.995 1 | 0.153 6 |
| 3 | 1 | 0.937 4 | 0.993 2 | 0.991 5 | 0.201 9 |
| 3 | 2 | 0.656 | 0.995 3 | 0.993 5 | 0.176 7 |
| 3 | 3 | 0.338 3 | 0.997 6 | 0.996 5 | 0.130 1 |

⑤完成拟合数据的记录后，单击"保存"按钮，弹出"保存会话"对话框，在"文件名"文本框中输入文件名，单击"保存"按钮，如图4-8所示。

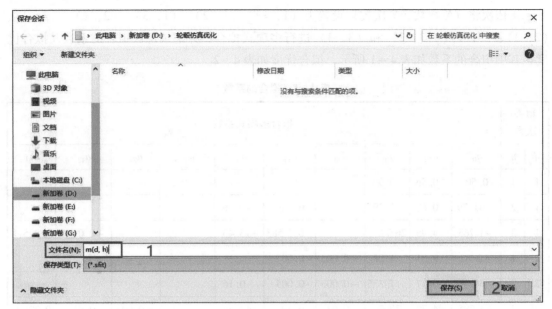

图4-8 保存拟合函数文件

⑥通过比较表4-2中每次拟合的拟合优度可知，$d$的拟合次数为1，$h$的拟合次数为3时，$R^2$、调整$R^2$、RMSE已接近拟合最优值，而继续增大$d$的拟合次数，SSE的减小幅度较小，且会增加拟合的复杂度，因此，较优的多项式拟合函数$m(d, h)$中$d$的拟合次数为1，$h$的拟合次数为3，$m(d, h)$的表达式如式（4-7）所示。

$$m(d, h) = -1763 + 276.6h - 4.95d - 13.43h^2 + 0.5583hd + 0.2254h^3 - 0.41h^2 d \tag{4-7}$$

（3）拟合函数$f(d, h)$。

①拟合$f(d, h)$的过程与拟合$m(d, h)$的过程相同，但在选择数据时，"X数据"下拉列表中选择d，在"Y数据"下拉列表中选择"h"，"Z数据"下拉列表中选择"f_max"，单击"关闭"按钮如图4-9所示。

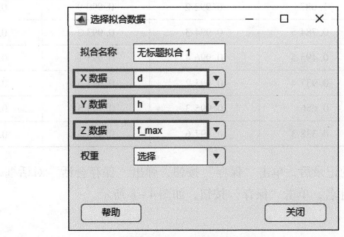

图4-9 选择拟合数据

②依此将（X次数，Y次数）设置为（1，1）、（1，2）、（1，3）、（2，1）、（2，2）、（2，3）、（3，1）、（3，2）和（3，3）进行多项式拟合，并记录每次拟合的系数及拟合优度，其中拟合的系数如表4-3所示，拟合优度如表4-4所示。

表4-3 拟合的系数

| 拟合次数 | | 拟合多项式系数 | | | | | | | | | |
|---|---|---|---|---|---|---|---|---|---|---|---|
| $d$ | $h$ | $b_0$ | $b_{10}$ | $b_{01}$ | $b_{20}$ | $b_{11}$ | $b_{02}$ | $b_{30}$ | $b_{21}$ | $b_{12}$ | $b_{03}$ |
| 1 | 1 | 283.4 | -1.38 | -4.62 | | | | | | | |
| 1 | 2 | 399.8 | -0.35 | -17.15 | | -0.05 | 0.34 | | | | |
| 1 | 3 | -536.3 | -52.98 | 168.5 | | 5.216 | -11.2 | | | -0.1316 | 0.2296 |
| 2 | 1 | 270.9 | -1.03 | -3.69 | 0.02 | -0.05 | | | | | |
| 2 | 2 | 401 | -0.95 | -16.78 | 0.02 | -0.06 | 0.33 | | | | |
| 2 | 3 | -310.3 | -60.02 | 140.5 | -0.008 | 5.9 | -10.08 | | 0.0017 | -0.1502 | 0.216 |
| 3 | 1 | 288.6 | -2.69 | -4.96 | 0.03 | 0.1 | | 0.0015 | -0.004 | | |
| 3 | 2 | 1399 | -58.88 | -117.6 | -0.073 | 5.89 | 2.86 | 0.001 | 0.001 | -0.15 | |
| 3 | 3 | -223.2 | -59.53 | 127 | -0.058 | 5.94 | -9.41 | 0.0011 | 0.0012 | -0.1508 | 0.2049 |

表4-4 拟合优度

| 拟合次数 | | 拟合优度 | | | |
|---|---|---|---|---|---|
| $d$ | $h$ | SSE | $R^2$ | 调整 $R^2$ | RMSE |
| 1 | 1 | 25.72 | 0.9795 | 0.9779 | 0.976 |
| 1 | 2 | 23.68 | 0.9811 | 0.9781 | 0.9732 |
| 1 | 3 | 20.97 | 0.9832 | 0.9789 | 0.9548 |
| 2 | 1 | 23.51 | 0.9812 | 0.9782 | 0.9698 |
| 2 | 2 | 22.19 | 0.9823 | 0.9786 | 0.9614 |
| 2 | 3 | 18.86 | 0.9849 | 0.9792 | 0.9477 |
| 3 | 1 | 23.4 | 0.9813 | 0.9764 | 1.009 |
| 3 | 2 | 19.04 | 0.9848 | 0.979 | 0.9522 |
| 3 | 3 | 18.83 | 0.985 | 0.9782 | 0.9702 |

③完成拟合数据的记录后，单击"保存"按钮，弹出"保存会话"对话框，在"文件名"文本框中输入文件名，单击"保存"按钮，如图4-10所示。

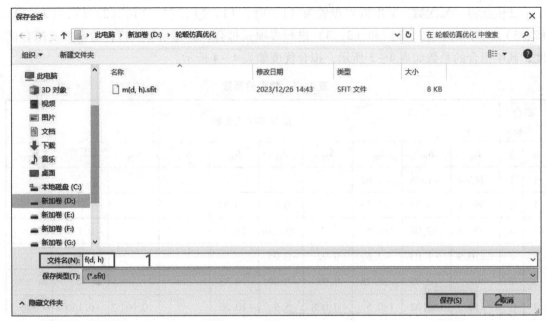

图 4-10 保存拟合函数文件

④通过比较表 4-4 中每次拟合的拟合优度发现，$R^2$、调整 $R^2$ 方变化不大，$d$ 的拟合次数为 1，$h$ 的拟合次数为 3 时，拟合的 RMSE 已接近拟合最优值，而继续增大 $d$ 的拟合次数，SSE 的减小幅度较小，且会增加拟合的复杂度，因此较优的多项式拟合函数 $f(d, h)$ 中 $d$ 的拟合次数为 1，$h$ 的拟合次数为 3，$m(d, h)$ 的表达式如式（4-8）所示。

$$f(d, h) = -536.3 + 168.5h - 52.98d - 11.2h^2 + 5.216hd + 0.2296h^3 - 0.1316h^2d$$
(4-8)

（4）拟合函数微调。

①由上述拟合过程中得到的拟合函数 $m(d, h)$ 和 $f(d, h)$ 虽然其已经较好地拟合 $m$ 和 $f$ 随 $d$、$h$ 的变化趋势，并且偏差较小，但由于优化最终结果要求 $f < 170$ MPa，且由观察原始数据得 $f = 170$ MPa 时，$m$ 的值在 27.7 kg 的邻域内，因此对于原始数据中 $m$ 接近 27.7 kg，$f$ 接近 170 MPa 所对应的 $d$ 和 $h$，将其代入拟合函数 $m(d, h)$ 和 $f(d, h)$ 所计算出的拟合值 $\hat{m}$ 和 $\hat{f}$，与原始数据中的 $m$ 和 $f$ 应尽可能接近。

注：表 4-5 中记录了原始数据中 $m$ 接近 27.7 kg 所对应的 $d$ 和 $h$，表 4-6 中记录了原始数据中 $f$ 接近 170 MPa 所对应的 $d$ 和 $h$。

表 4-5  $m$ 接近 27.7 kg 所对应的 $d$ 和 $h$

|   | 1 | 2 | 3 | 4 | 5 | 6 | 7 |
|---|---|---|---|---|---|---|---|
| $m$ | 27.2 | 28.3 | 27.1 | 28 | 28 | 27.7 | 27.8 |
| $d$ | 16 | 18 | 14.5 | 16.5 | 15 | 14 | 12.5 |
| $h$ | 18.75 | 18.75 | 19.25 | 19.25 | 19.75 | 20.5 | 21.25 |

表 4-6  $f$ 接近 170 MPa 所对应的 $d$ 和 $h$

|   | 1 | 2 | 3 | 4 | 5 | 6 | 7 | 8 | 9 | 10 |
|---|---|---|---|---|---|---|---|---|---|---|
| $f$ | 171.922 | 169.217 | 172.965 | 168.482 | 172.503 | 170.207 | 167.926 | 171.757 | 168.505 | 169.847 |
| $d$ | 18 | 20 | 16.5 | 18.5 | 13 | 15 | 17 | 12 | 14 | 12.5 |
| $h$ | 18.75 | 18.75 | 19.25 | 19.25 | 19.75 | 19.75 | 19.75 | 20.5 | 20.5 | 21.25 |

②将表 4-5 和表 4-6 的数据分别输入 Excel 表格中，方便程序读取，存入表格的形式如图 4-11 和图 4-12 所示。

| | A | B | C |
|---|---|---|---|
| 1 | 加强筋厚度/(h·mm$^{-1}$) | 法兰盘厚度/(d·mm$^{-1}$) | 质量/(m·kg$^{-1}$) |
| 2 | 18.75 | 16 | 27.2 |
| 3 | 18.75 | 18 | 28.3 |
| 4 | 19.25 | 14.5 | 27.1 |
| 5 | 19.25 | 16.5 | 28 |
| 6 | 19.75 | 15 | 28 |
| 7 | 20.5 | 14 | 27.7 |
| 8 | 21.25 | 12.5 | 27.8 |
| 9 | | | |

图 4-11  将 $m$ 接近 27.7 kg 所对应的 $d$ 和 $h$ 存入 Excel

| | A | B | C |
|---|---|---|---|
| 1 | 加强筋厚度/(h·mm$^{-1}$) | 法兰盘厚度/(d·mm$^{-1}$) | 最大应力/(f·MPa$^{-1}$) |
| 2 | 18.75 | 18 | 171.922 |
| 3 | 18.75 | 20 | 169.217 |
| 4 | 19.25 | 16.5 | 172.965 |
| 5 | 19.25 | 18.5 | 168.482 |
| 6 | 19.75 | 13 | 172.503 |
| 7 | 19.75 | 15 | 170.207 |
| 8 | 19.75 | 17 | 167.926 |
| 9 | 20.5 | 12 | 171.757 |
| 10 | 20.5 | 14 | 168.505 |
| 11 | 21.25 | 12.5 | 169.847 |
| 12 | | | |

图 4-12  将 $f$ 接近 170 MPa 所对应的 $d$ 和 $h$ 存入 Excel

③新建一个脚本文件，用于计算 $m$ 和 $f$ 接近临界值时的拟合值。在新建的脚本文件中输入如下代码：

```
clear; clc;
% 文件路径
datam_path = './val_m.xlsx';
```

```
dataf_path = './val_f.xlsx';
% 计算拟合值
m_val = eval(datam_path,'m');
f_val = eval(dataf_path,'f');

% 定义计算拟合值的函数
function value = eval(data_path, tag)
[data] = readmatrix(data_path);
h = data(:,1);
d = data(:,2);
v_0 = data(:,3);
% 计算拟合的 m 值
if tag == 'm'
    v_1 = -1763 - 4.95*d + 267.6*h + 0.5583*h.*d - 13.43*h.^2 ...
        -0.0141*d.*h.^2 + 0.2254*h.^3;
% 计算拟合的 f 值
elseif tag == 'f'
    v_1 = -536.3 + 168.5*h - 52.98*d - 11.2*h.^2 + 5.216*h.*d ...
        +0.2296*h.^3 - 0.1316*h.^2.*d;
end

value = [v_0,v_1,v_1-v_0]';
end
```

④输入代码后,选择"保存"→"运行"命令,运行脚本文件。

在程序运行完成后的工作区,可以查看原始的 $m$ 和 $f$ 的值、对应的拟合值 $\hat{m}$ 和 $\hat{f}$,拟合值和原始数据的偏差 $\hat{m}-m$ 和 $\hat{f}-f$,其结果如表 4-7 和表 4-8 所示。

表 4-7　$m$ 的验证结果

|  | 1 | 2 | 3 | 4 | 5 | 6 | 7 |
|---|---|---|---|---|---|---|---|
| $m$ | 27.2 | 28.3 | 27.1 | 28 | 28 | 27.7 | 27.8 |
| $\hat{m}$ | 27.78 | 28.91 | 27.80 | 28.94 | 28.63 | 28.67 | 28.72 |
| $\hat{m}-m$ | 0.58 | 0.61 | 0.7 | 0.94 | 0.63 | 0.97 | 0.92 |

表 4-8 $f$ 的验证结果

| | 1 | 2 | 3 | 4 | 5 | 6 | 7 | 8 | 9 | 10 |
|---|---|---|---|---|---|---|---|---|---|---|
| $f$ | 171.922 | 169.217 | 172.965 | 168.482 | 172.503 | 170.207 | 167.926 | 171.757 | 168.505 | 169.847 |
| $\hat{f}$ | 173.030 | 170.139 | 172.760 | 170.084 | 174.802 | 172.209 | 169.617 | 172.900 | 170.186 | 170.428 |
| $\hat{f}-f$ | 1.108 | 0.922 | -0.205 | 1.602 | 2.299 | 2.002 | 1.691 | 1.143 | 1.681 | 0.581 |

⑤由表 4-7、表 4-8 的偏差值可知，拟合值与原始数据相比，在临界值时偏大，因此需要对拟合函数的系数进行微调。但修改拟合函数中非常数项的系数难度很大，且会影响函数的拟合趋势，出现较大误差，因此只调整拟合函数的常数项是较好的选择。拟合函数中的常数项需减小，使拟合函数的偏差减小，调整后的拟合函数如式（4-9）、式（4-10）所示。

$$m(d,h) = -1764 + 276.6h - 4.95d - 13.43h^2 + 0.5583hd + 0.2254h^3 - 0.41h^2d \tag{4-9}$$

$$f(d,h) = -538 + 168.5h - 52.98d - 11.2h^2 + 5.216hd + 0.2296h^3 - 0.1316h^2d \tag{4-10}$$

## 4.4 目标函数优化求解

（1）确定目标函数中的权重参数。

目标函数 $Z^2$ 中，$Z = Z(d, h) = \alpha m - \beta f + \gamma \max(0, f - f_{\max})$，$m$ 和 $f$ 是关于 $d$ 和 $h$ 的拟合函数，已在上述过程中求出，$f_{\max} = 170$ MPa 为许可应力。权重参数 $\alpha$、$\beta$ 和 $\gamma$ 是为了使对应项的数值尽可能接近，从而使 $Z$ 的值尽可能小，因此将参数设为 $\alpha = 1$，$\beta = 0.16$ 和 $\gamma = 2$。

（2）优化器 Optimization 相关设置。

①单击 MATLAB 主页中的"新建实时脚本"按钮，进入实时脚本界面，输入以下代码，设置起始点及权重参数。

```
clear;clc;
d_0 = 19;
h_0 = 13;
alpha = 1;
beta = 0.16;
gamma = 2;
F = 170;
```

②单击"分节符"按钮，弹出"实时编辑器"对话框，选中有已输入代码的节，单击"运行节"按钮（图 4-13），使"工作区"对话框出现图 4-14 所示的变量，以方便后续使用。

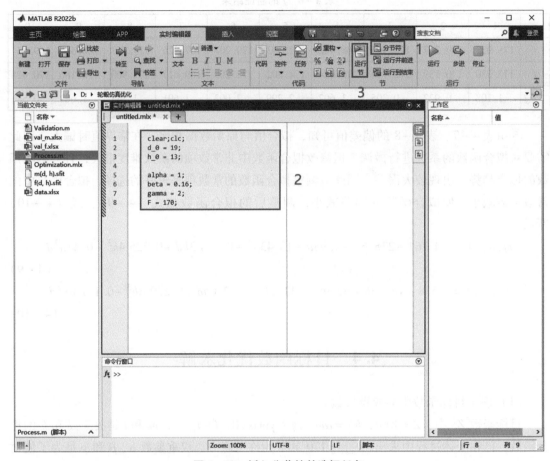

图 4-13　插入分节符并选择任务

图 4-14　运行节后工作区出现的变量

③选择"任务"中的→"优化"命令，如图 4-15 所示，进入优化器界面。

④编辑器界面会出现图 4-16 所示的对话框，选择以优化问题为基础的求解方法，即"Problem – based"命令。

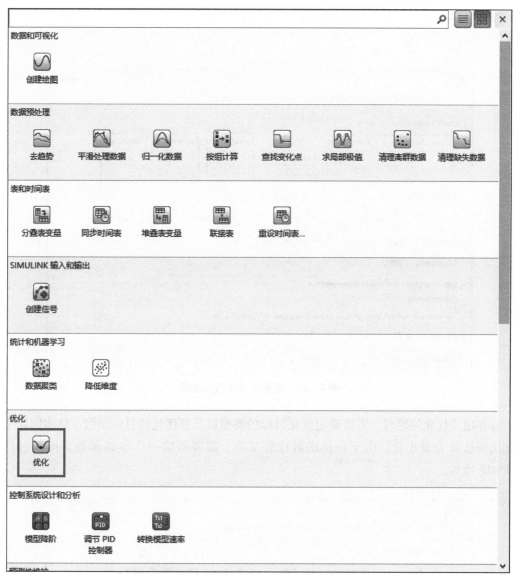

图 4-15 选择任务中的"优化"命令

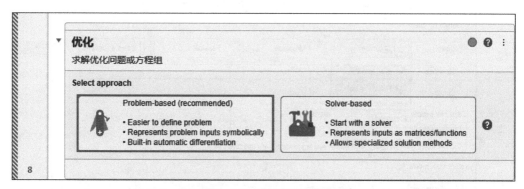

图 4-16 选择优化方法

⑤按图4-17中深色方框中的参数创建优化变量，设置变量的约束边界，并选择起始点。

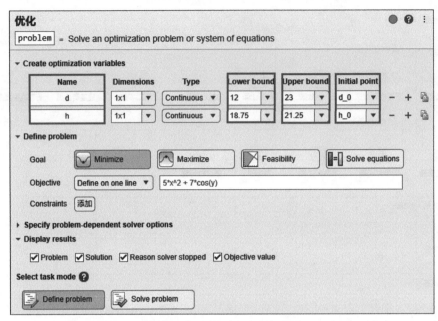

图4-17 变量创建及约束边界

⑥在定义优化问题时，需要确定优化目标的类型以及要优化的目标函数。将本问题中的优化类型选择为最小化。由于目标函数比较复杂，需要新建一个本地函数，操作过程如图4-18所示。

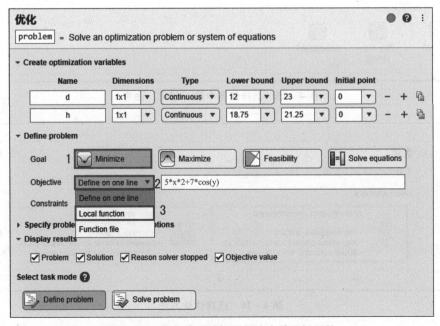

图4-18 优化类型选择及创建本地目标函数

⑦进行上述操作后,便会出现图 4-19 所示的界面,选择"新建"命令。

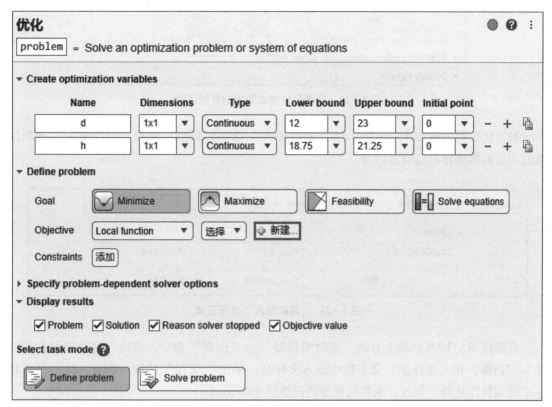

图 4-19  选择新建本地目标函数

⑧随后在编辑器的最下端出现一个函数节,将函数节中的示例内容修改为目标函数,输入以下代码。

```
function objective = objectiveFcn(h,d,alpha,beta,gamma,F)
m_hd = -1764 - 4.95 * d + 267.6 * h + 0.5583 * h * d - 13.43 * h^2 - …
0.0141 * d * h^2 + 0.2254 * h^3;
f_hd = -538 + 168.5 * h - 52.98 * d - 11.2 * h^2 + 5.216 * h * d + …
0.2296 * h^3 - 0.1316 * h^2 * d;

z = alpha * m_hd - beta * f_hd + gamma * (f_hd - F) * (f_hd > F);
objective = z^2;
end
```

⑨本地目标函数创建完成后,在优化器的 Objective 选项区域中,"选择"下拉列表框中选择 objectiveFcn 命令,如图 4-20 所示。

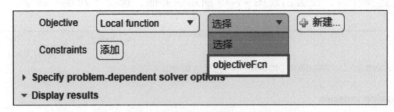

图 4-20 选择创建完成的本地目标函数

⑩当优化器出现图 4-21 所示的"函数输入"选项区域后,根据"函数输入"选项区域的变量名称选择对应变量即可。

图 4-21 "函数输入"选项区域

⑪选择 MATLAB 页面上方的"实时编辑器"→"保存"命令,弹出"选择要另存的文件"对话框,在"文件名"文本框中输入文件名,单击"保存"按钮(图 4-22)便可保存实时编辑优化器。至此,函数优化器的设置已全部完成。

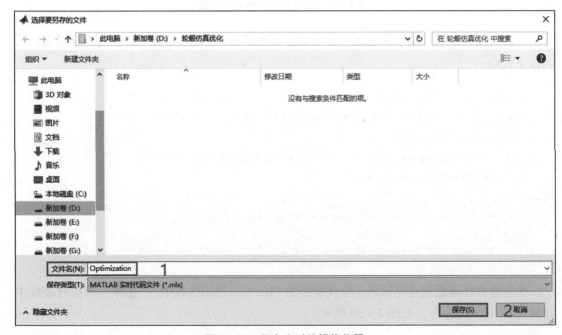

图 4-22 保存实时编辑优化器

(3) 优化器 Optimization 运行及结果展示。

①单击优化器界面下方的"Solve problem"按钮，在运行优化程序后，会出现图 4-23 所示的优化结果，深色矩形框中为优化器的求解结果。

```
OptimizationProblem :

    Solve for:
    d, h

    minimize :
    objectiveFcn(h, d, 1, 0.16, 2, 170)

    variable bounds:
    12 <= d <= 23

    18.75 <= h <= 21.25
Solving problem using fmincon.

Feasible point with lower objective function value found.

Local minimum possible. Constraints satisfied.

fmincon stopped because the size of the current step is less than
the value of the step size tolerance and constraints are
satisfied to within the value of the constraint tolerance.

<stopping criteria details>
solution = 包含以下字段的 struct:
    d: 13.4922
    h: 20.2878
reasonSolverStopped =
    StepSizeBelowTolerance
objectiveValue = 1.8300e-09
```

图 4-23 优化结果

若想了解优化器迭代过程的更多细节，可选择优化器的 Specify problem-dependent solver options 命令，之后便会出现图 4-24 所示的选项栏。

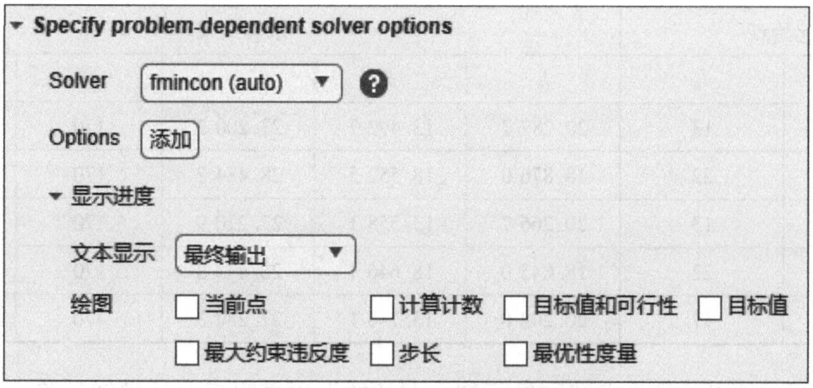

图 4-24 优化问题相关的其他设置

以显示每次迭代的结果为例,单击"文本显示"右侧的"最终输出"按钮,将其选为"每次迭代"后,优化结果展示界面便会新增图 4 – 25 所示的迭代过程信息。其中 Iter 为迭代次数,F – count 为函数计算次数,Feasibility 为约束违反次数,First – order optimality 为一阶最优性测度,Norm of step 为当前步的大小。

```
Solving problem using fmincon.
Your initial point x0 is not between bounds lb and ub; FMINCON
shifted x0 to strictly satisfy the bounds.

                                      First-order    Norm of
 Iter  F-count          f(x)  Feasibility   optimality      step
    0       3    2.586030e+01   0.000e+00    6.949e+01
    1       6    1.387258e+01   0.000e+00    2.934e+01   3.616e+00
    2       9    4.106908e+00   0.000e+00    1.672e+01   2.125e+00
    3      12    9.076137e-02   0.000e+00    1.385e+00   2.143e+00
    4      15    5.569991e-01   0.000e+00    2.341e+00   1.308e+00
    5      18    1.398118e-01   0.000e+00    1.139e+00   4.264e-01
    6      21    6.100010e-03   0.000e+00    3.144e-01   1.810e-01
    7      24    2.144258e-05   0.000e+00    1.006e-01   3.421e-01
    8      27    7.845144e-05   0.000e+00    2.660e-02   1.455e-01
    9      32    3.725846e-04   0.000e+00    5.612e-02   1.913e-01
   10      42    2.470257e-04   0.000e+00    2.556e-02   5.105e-02
   11      52    6.313114e-06   0.000e+00    4.157e-03   4.643e-02
   12      63    4.518579e-06   0.000e+00    1.547e-02   1.296e-02
   13      77    2.110863e-06   0.000e+00    3.529e-03   6.033e-04
   14      89    3.868714e-08   0.000e+00    3.261e-04   4.742e-03
   15      92    1.412947e-09   0.000e+00    1.260e-04   7.362e-04
   16      95    1.706966e-09   0.000e+00    1.369e-04   7.662e-05
   17      98    1.801030e-09   0.000e+00    1.402e-04   3.487e-04
   18     102    1.811045e-09   0.000e+00    1.406e-04   8.627e-04
   19     114    1.408783e-09   0.000e+00    2.717e-04   4.697e-05
   20     118    1.940401e-09   0.000e+00    2.991e-04   1.133e-04
   21     133    1.835248e-09   0.000e+00    1.046e-04   7.296e-07
   22     147    1.829589e-09   0.000e+00    1.044e-04   3.984e-08
   23     153    1.830003e-09   0.000e+00    1.028e-04   8.054e-08
```

图 4 – 25 优化迭代过程信息

②为了避免求解结果陷入局部最优,因此采用不同起始点多次求解,起始点设置及其求解结果如表 4 – 9 所示。

表 4 – 9 不同起始点设置及其求解结果

| 起始点 | | 求解结果 | | | | |
|---|---|---|---|---|---|---|
| $h_0$ | $d_0$ | $h$ | $d$ | $m$ | $f$ | $Z^2$ |
| 19 | 13 | 20.287 7 | 13.492 7 | 27.200 2 | 170 | 4.13e – 4 |
| 19 | 22 | 18.876 0 | 18.552 5 | 28.484 2 | 170 | 1.649 2 |
| 21 | 13 | 20.266 7 | 13.558 1 | 27.220 9 | 170 | 4.38e – 4 |
| 21 | 22 | 18.845 0 | 18.646 1 | 28.473 8 | 170 | 1.622 7 |
| 20 | 17.5 | 20.208 0 | 13.746 1 | 27.282 3 | 170 | 6.8e – 3 |

③由不同起始点的优化求解结果可知,在 $d$ 的上边界附近起始求解易陷入局部最优状态,全局最优的结果约为 $d = 13.5$ mm,$h = 20.3$ mm,对应的 $m = 27.21$ kg,$f = 169.94$ MPa。